La storia delle invenzioni contemporanee più popolari

Puntatori laser

La storia del puntatore laser è strettamente legata a quella di

il laser . Anche se era Albert Einstein che ha sviluppato

la teoria di base di laser nel 20esimo secolo, è

difficile individuare esattamente chi era responsabile

l'invenzione del primo laser funzionante . mentre Theodore

Maiman è ampiamente accreditato con la creazione del primo laser a

1960 , ci sono altre tre scienziati -Charles Townes ,

Arthur Schawlow e Gordon Gould , che ha anche sostengono

per lo stesso onore . Gould ha ricevuto un brevetto per il suo

trovato nel 1977 , 20 anni dopo il suo lavoro iniziale , ma da quel

Tempo di molti gruppi sono stati già utilizzando la sua invenzione .

Due gruppi statunitensi sono accreditati con l'invenzione del

laser a semiconduttore , nel 1962 , una guidata da Robert N. Sala

al centro di ricerca General Electric , e l'altro da

Marshall Nathan presso la IBM T.J. Watson Research Center .

Tuttavia , puntatori laser sono diventati solo pratico nel 1970

grazie al lavoro di Herbert Kroemer degli Stati

Membri, Zhores Alferov dell'Unione Sovietica e la loro

collaboratori . Nel 2000 , Kroemer e Alferov ha ricevuto il

Premio Nobel per la Fisica per la loro invenzione .

Un laser a semiconduttore , un tipo di diodo semiconduttore ,

è indicato anche come un laser a diodi . Diodi sono in grado

di trasmettere energia elettrica in una direzione e diodi laser

in grado di produrre luce facilmente quando l'elettricità passa attraverso

loro. Tali diodi laser richiedono una protezione dal potere

sovratensioni e sbalzi di temperatura. Un circuito di controllo accensione

è usato per prevenire il diodo di ricevere troppo

o troppo poca potenza , e un involucro di plastica possono proteggerlo dalla

temperatura varianze .

Laser a semiconduttore utilizzano materiali simili a quelli

transistori e circuiti integrati al fine di creare un

lasing mezzo . Laser a semiconduttore precoce (1950) potrebbe

solo produrre non visibile radiazione infrarossa . Da allora ,

elettronica dei semiconduttori sono diventati non solo più

poco costosi da produrre , essi sono diventati più piccoli

dimensioni e tendono a richiedere meno energia . Possono anche

produrre luce visibile sia rosso è il meno costoso e

blu, viola e verde sono alcuni dei più costosi

varianti . Come risultato, dal 1980 , laser a semiconduttore

è diventato abbastanza abbordabile da utilizzare in elettronica di consumo

dispositivi come puntatori laser .

Enorme miglioramento nella tecnologia e una forte domanda

hanno contribuito a far scendere il prezzo dei puntatori laser

da centinaia di dollari a meno di cinque dollari per l'

maggior parte dei tipi poco costoso . Molti prodotti come i bambini di giocattoli, pistole e proiettori incorporano puntatori laser .

RIGHELLI

Un righello , indicato anche come un indicatore di linea o regola , è un

dispositivo utilizzato nel disegno tecnico , la geometria , ingegneria ,

architettura, e la stampa per disegnare linee rette , misura

distanze , e come guida per il taglio di precisione .

Homo sapiens hanno utilizzato governanti fin dall'antichità . mentre

la maggior parte dei governanti antichi erano di legno , gli archeologi hanno

quelle che si trovano in avorio che sono stati utilizzati prima del 1500 aC

dalla Valle dell'Indo Civiltà . Uno di questi è stato sovrano

scoperto tra gli scavi di Lothal ed è stato

datato tutta la strada fino al 2400 aC . Si ritiene che questa

righello è suddiviso in unità ciascuna misura 1.32 pollici ,

segnato in suddivisioni decimali con sorprendente precisione

(entro 0,005 pollici) . Mattoni antichi trovati in tutto

regione hanno dimensioni che corrispondono a queste unità .

Industriale tedesco Anton Ullrich è accreditato con il

invenzione del righello pieghevole nel 1851 . Nel 1887 , ha ottenuto

un brevetto per la cerniera a molla -powered utilizzato nel suo

invenzione. L'azienda da lui fondata esiste ancora . Infatti,

produce una vasta gamma di strumenti di misura sotto

il nome commerciale ' Stabila ' .

Ma i governanti non sono state sempre fatte di legno o avorio . essi inoltre sono stati fatti di plastica e metalli . e mai

dalla scoperta di plastica , righelli realizzati con questo materiale

hanno assunto un rilievo in quanto possono essere facilmente modellati

con le marcature invece di essere inscritto al momento . oggi

metallo è in gran parte limitato ai governanti utilizzati nelle officine , o

incorporato in un righello di legno utilizzato per la linea retta

taglio di preservare i bordi .

Righelli scrivania vengono utilizzati principalmente per disegnare linee rette , a

misurare distanze , o per servire come guida per il taglio lungo

una linea . Questi tipi di governanti hanno a distanza - marcature lungo

i bordi. D'altra parte , un calibro riga viene utilizzato nella

settore della stampa , che utilizza agata , pica, punti e pollici

come unità di misura . Inoltre, alcuni indicatori possono

contengono anche esempi di larghezze di tratto in diverse dimensioni in punti .

Altri dispositivi di misura quali i governanti pieghevoli utilizzati da

falegnami , e le misure di nastro in metallo , sono fatti

portable piegando o ritraendo in una bobina . Il sarto

nastro in tessuto è un altro dispositivo di lunghezza misura flessibile

che è calibrato in centimetri e pollici . Viene utilizzato per

effettuare misure lineari così come per misurare

intorno ad un oggetto solido , come il girovita di una persona .

Un righello contrazione , noto anche come un righello termoretraibile , è un

dispositivo che ha divisioni maggiori rispetto a standard di misurazione

unità per compensare il restringimento durante la fusione dei metalli .

goniometri

In geometria , un goniometro è un quadrato , circolare o

strumento semicircolare in genere fatta di perspex trasparente

e utilizzati per misurare gli angoli . L'unità di misura

è solitamente gradi di arco . Essi sono utilizzati per una varietà

delle applicazioni meccaniche e ingegneristiche connesse ,

ma forse il loro uso più comune è nella geometria

lezioni nelle scuole . Mentre alcuni goniometri sono semplici

mezze dischi, goniometri più avanzate, come la smussatura

goniometro , hanno uno o due bracci oscillanti utilizzati per aiutare

misurare l'angolo .

La semplice , goniometro a metà disco è un dispositivo antico , risalente

indietro migliaia di anni . Mentre si ritiene che l'

vero inventore è stato perso nelle sabbie del tempo , nel 2011, un

possibilità intrigante è venuto alla luce . Un architetto egiziano

chiamato Kha aveva contribuito a costruire le tombe faraoni durante

la dinastia egiziana 18th , intorno al 1400 aC . Nel 1906 , il suo

propria tomba fu scoperta intatta dall'archeologo Ernesto

Schiaparelli a Deir -al- Medina , vicino alla Valle del

Re di Tebe , in Egitto . Tra le cose di Kha erano

scoperto gli strumenti compresi bacchette cubito di misura ,

un dispositivo di livellamento che assomiglia ad una moderna piazza insieme , e quello che sembrava essere una forma strana vuota di legno

Caso con coperchio incernierato . Schiaparelli pensato che questo ultimo oggetto

tenuto un altro strumento di livellamento . Il museo di Torino ,

Italia , dove vengono ora esposti gli articoli, identificato

il caso di legno come nel caso di una bilancia .

Ma Amelia Sparavigna , un fisico al Politecnico di Torino ,

suggerito che era completamente diversa architettura

strumento - un goniometro . La chiave , ha detto, giaceva nei numeri

codificato nella decorazione ornate dell'oggetto , che assomigliano

una rosa dei venti con 16 petali equidistanti circondati

da un zigzag circolare con 36 angoli . Sparavigna proseguì

affermare che se la barra diritta dell'oggetto fu posta

pendio, un filo a piombo avrebbe rivelato la sua inclinazione sul

quadrante circolare . Tuttavia, molti archeologi sono scettici

di questa teoria e sostengono che l'oggetto in legno è

semplicemente un caso decorativo.

Il primo goniometro complesso è stato progettato per tracciare la

posizione di una barca su carte nautiche . Chiamato un threearm

goniometro o il puntatore stazione , è stato inventato nel 1801

da Joseph Huddart , un capitano di marina inglese . il centro

braccio è fisso , mentre i due esterni sono girevoli , in grado di

essendo fissato a qualsiasi angolo rispetto al centro uno.

DISEGNO BUSSOLE

Una bussola o un paio di bussole è un disegno tecnico

strumento familiare ad ogni scolaro . Viene utilizzato in

scuola nelle classi di geometria a contribuire all'elaborazione perfetta

cerchi e archi . Può essere utilizzato anche come un compasso

per le distanze , in particolare sulle mappe di misura .

L'uomo è conosciuto e utilizzato bussole fin dai tempi antichi .

In realtà, gli antichi greci li usavano come insegnamento di base

strumenti . Tutti i teoremi di Euclide sono stati provati utilizzando solo

due strumenti da disegno : una coppia di compassi e un righello

con un regolo . La forma di base della bussola ha

non è cambiato molto da allora, ma in acciaio e plastica

hanno ampiamente sostituito il materiale di costruzione originale ,

tipicamente ottone. In alcuni dipinti medievali europee ,

la bussola è anche usato come un simbolo di originale di Dio

atto di creazione , cioè , Genesis .

Nel 1606 , il famoso scienziato italiano Galileo Galilei pubblicato

un trattato dedicato alla bussola , intitolato 'Le operazioni del

compasso geometrico et militare ' (L'operazione di geometrica

e bussole militari) . Ha aggiunto una scala graduata per la

disegno bussola e lo ha utilizzato per dimostrare la grafica

il calcolo degli interessi composti e altre funzioni .

Il più famoso uso letterario di compassi appare in A

Valediction : Proibire Mourning , scritto da John Donne ,

nel 1611 . Il narratore usa la bussola come metafora

esprimere la forza dell'amore spirituale . Egli paragona la sua

amante al piede fisso della bussola e se stesso al

altro piede libero movimento :

Se essi due, sono due così

Bussole twin rigide sono due ;

La tua anima , il piede fix'd , non fa spettacolo

Per spostare , ma doth , se th ' altro fanno.

E sebbene al centro sit ,

Eppure , quando l'altro vagare lontano doth ,

Si affaccia , e porsi in ascolto dopo ,

E cresce eretta , come quello torna a casa .

Tale sarai tu a me, che deve,

Come altro piede th ' , correre obliquamente ;

La tua fermezza rende il mio cerchio perfetto ,

E mi fa finire dove ho cominciato .

Lo sapevi?

Il stemma ufficiale della ex paese di East

La Germania ha caratterizzato un martello e una bussola circondato

da un anello di segale . Questi oggetti rappresentati lavoratori ,

intellettuali e contadini , rispettivamente.

Penne a sfera

Penne a sfera usano inchiostro viscoso che viene erogata dal

azione di una piccola sfera si trova sulla punta della penna rotolamento .

La palla , di solito da 0,5 mm a 1,2 mm di diametro , possono essere in ottone , acciaio , carburo di tungsteno , o qualsiasi altra

materiale durevole .

Le prime versioni della penna a sfera sono stati brevettati multipla

volte, ma non sono mai stati un successo commerciale . il primo

brevetto è stato rilasciato il 30 ottobre 1888 , a John Loud, un

conciatore di pelle . L' idea è venuta a forte quando stava cercando

a scrivere sui suoi prodotti e non riusciva a trovare la fontana

penna che avrebbe scritto su pelle . Forte di penna aveva un piccolo

rotante sfera d'acciaio , tenuta in posizione da una presa di corrente . Tuttavia, questo

penna non è mai stato realizzato . Né erano uno qualsiasi degli altri

350 brevetti per la sfera di tipo penne emessi nei prossimi 50

anni . Il problema principale era l'inchiostro , le penne trapelati

con inchiostro sottile , e intasato con inchiostro di spessore . a seconda

la temperatura , la penna a volte entrambi.

László Bíró , un direttore di giornale ungherese , è stato frustrato

dalla quantità di tempo che ha perso nel riempire fontana

penne e per la bonifica pagine macchiate . Notò che

inchiostri utilizzati nella stampa di giornali asciugati rapidamente , lasciando

la carta asciutto e privo di sbavature , e ha deciso di creare

una penna che usato. Tuttavia , l'inchiostro viscoso no

flusso in una penna stilografica pennino , così Bíró , con l'aiuto di

suo fratello György , (ri) inventato la penna a sfera e

brevettato nel 1938 . penne precedenti avevano dipeso gravità

a consegnare l'inchiostro alla palla , che ha causato difficoltà

con il flusso e richiede che la penna terrà quasi

verticalmente . La penna Biro utilizzato azione capillare e un pistone

che ha pressurizzato colonna inchiostro , soluzione di questi problemi .

Il britannico ha scoperto che Biros non ha perdite in alta quota ,

a differenza di penne stilografiche . Così hanno licenza di questo nuovo design e

la penna a sfera Biro ben presto di essere prodotto in serie per

la Royal Air Force .

Molto presto altre imprese anche avviato la produzione

penne a sfera . Ma tutti loro ancora affrontato molti problemi .

A volte le penne sarebbero perdite , sporcare la carta , o

Non scrivere senza problemi . Due uomini finalmente risolto questi problemi.

Il primo era un americano di nome Patrick J. Frawley Jr.

Nel 1949 , la sua azienda ha lanciato la loro prima penna a sfera ,

la ' Paper Mate ' , la cui vendita punto era la - striscio non

inchiostro . Il secondo era un francese di nome Marcel Bich ,

che ha lanciato un liscio - scrittura chiara canna , nonleaky ,

penna a sfera economico nel 1952 che ha chiamato

la sfera Bic . La penna a sfera era finalmente diventato un

strumento di scrittura pratico!

FORBICI

Le prime forbici furono probabilmente inventati intorno al 1500

AC nell'antico Egitto o Mesopotamia e diffondere lentamente

per il resto del mondo antico attraverso gli scambi e

esplorazione. Queste forbici erano della ' forbice primavera '

varietà , comprendente due lame bronzo collegati al

gestisce da un sottile striscia flessibile di bronzo curva (il

fulcro) che ha tenuto le lame in allineamento , consentendo

loro di essere schiacciati insieme e si separarono quando

rilasciato. Forbici bronzo egizi del 3 ° secolo

BC sono oggetti d'arte unici . Su ciascuna lama hanno

decorative figure maschili e femminili complimentarmi ogni

altra . Questi sono formati da pezzi solidi di metallo di un

diverso intarsiato colore nel bronzo .

Forbici primavera continuato ad essere utilizzati in Europa fino alla

16 ° secolo . Ma nel o intorno al 100 dC , artigiani romani

sviluppati forbici cross- lama , in cui i bladeedges

attraversato e scivolò oltre a vicenda durante il taglio . il

looping fulcro rimase ancora , in modo che le forbici riposavano

in una posizione di apertura dopo l'uso . Questi divenne comune

non solo a Roma , ma anche in Cina, Giappone e

Corea. Mentre l'idea cross- lama è ancora usato in quasi

tutte le forbici moderne , solo poche varietà come grassedging

cesoie mantengono il fulcro .

Ad un certo punto dell'evoluzione le forbici " , uno sconosciuto

inventore si rese conto che un maggiore controllo con meno mano

forza potrebbe essere ottenuta abbandonando il fulcro ,

separando le forbici in due pezzi (uniti con un

vite o rivetto) e fare anelli per le dita . Nel quinto

secolo , lo scriba Isidoro di Siviglia, in Spagna , ha descritto

forbici cross- lame con un perno centrale come strumenti di
barbiere e sarto . Tali forbici imperniate di bronzo o di ferro
erano il diretto antenato di forbici moderni .

Forbici imperniate non sono stati prodotti in gran numero
fino al 1761 quando Robert Hinchliffe ha prodotto la prima coppia
di forbici moderni fatti di indurito e lucidato
acciaio fuso . Hinchliffe vissuto in Cheney Square, London ,
e fu probabilmente la prima persona a mettere fuori un cartello
proclamandosi un produttore forbice fine.

Nel corso del 19 ° secolo , le forbici sono stati forgiati a mano con
riccamente decorato maniglie . Si sono formate le lame
martellando l'acciaio su superfici frastagliate noti come
boss, e gli anelli nelle maniglie , noto come archi,
sono state fatte da un foro in acciaio ed ampliando
con l'estremità appuntita di un'incudine .

Nel 1967 , la Fiskars Corporation ha lanciato il suo famoso
forbici arancio - trattati , che sono ancora molto popolari .

POST - IT NOTE

Un post -it o Sticky nota è un pezzo di cancelleria creazione
per fissare temporaneamente le note ai documenti e altri
superfici. Anche se ora disponibile in una gamma di colori ,
forme e dimensioni , note post -it sono di solito tre pollici

canarino quadrati colorati gialli. Un unico low- tack

striscia adesiva riutilizzabile sul retro permette le note di essere

facilmente attaccato e rimosso senza lasciare segni .

Il termine Post-it e il colore giallo canarino sono iscritte

marchi di fabbrica della società americana 3M . fino alla

1990 , quando il brevetto è scaduto , sono stati prodotti solo

nell'impianto 3M in Cynthiana , Kentucky . Anche se altri

aziende oggi producono note di ' appiccicose ' o riposizionabili ,

la maggior parte delle note di post -it di tutto il mondo sono ancora fatti.

Nel 1968 , il Dr. Spencer Silver, un chimico presso 3M , era

tentativo di sviluppare un super - adesivo forte , ma

invece accidentalmente creato una bassa aderenza riutilizzabile , pressuresensitive

adesivo . Per cinque anni , senza molto successo ,

Argento promosso la sua invenzione nel 3M sia informalmente

e attraverso seminari . Fu solo nel 1974 che un collega

della sua , il dottor Art Fry , che aveva partecipato ad uno dei Silver

seminari , si avvicinò con l'idea di utilizzare l'adesivo

per ancorare il segnalibro nel suo libro di preghiere durante

funzioni religiose . Fry ha poi sviluppato ulteriormente l'idea da

approfittando della 3M di sancito ufficialmente ammessa

Politica contrabbando : personale di ricerca sono stati autorizzati a spendere

10-15 per cento del loro tempo a lavorare su progetti personali .

Il colore giallo dell'originale Post-it è stato scelto da

incidente - un laboratorio porta accanto alla squadra Post-it aveva rottami

carta gialla , che il team ha utilizzato per i suoi esperimenti.

Alla fine gestione 3M era convinto e le note

sono stati lanciati nel 1977 in quattro città sotto il nome di stampa

'N Peel . Le vendite iniziali sono stati molto deludenti . Tuttavia ,

un anno dopo , 3M distribuiti campioni gratuiti per i residenti di

Boise, Idaho e uno sbalorditivo 94 per cento delle persone

che ha cercato loro hanno detto che avrebbero acquistare il prodotto .

Infine, il 6 aprile 1980 , il prodotto ha debuttato nei negozi statunitensi

come Post-it . Nel 1981 , sono stati lanciati in Canada

e l'Europa .

Lo sapevi?

L'umile nota di post -it è stato usato per creare gravi

opere d'arte. Nel 2000 , per celebrare il 20 ° anniversario della

Post-it , artisti hanno creato opere d'arte su di loro . uno di questi

lavorare , da RB Kitaj , venduto per £ 640 a un'asta , il che rende

il più prezioso Post-it note a verbale .

CUCITRICI

La prima macchina conosciuta per il fissaggio carte insieme

è stato fatto nel 18 ° secolo in Francia per l'esclusivo

uso di re Luigi XV . Ogni fiocco fatto a mano era ancora

inscritto con le insegne della corte reale . Tuttavia ,

questa macchina non è mai stata venduta , anche se il crescente uso

di carta nel 19 ° secolo creato richiesta. americana

e inventori inglesi cominciarono presto brevettazione vari

macchine cucitrice -like e ha introdotto vari concorrenti

tecnologie sul mercato. Questa battaglia durò più tardi il

1940 per una semplice ragione : nessuno ce l'ha proprio ragione!

Ad esempio , nel 1895 , l' EH Hotchkiss Società di

Norwalk, Connecticut , ha iniziato a vendere la loro cosiddetta No. 1

Carta Fastener . La macchina utilizzata una lunga striscia di wiredtogether

graffette e grazie alla sua facilità d'uso - , divennero così

popolare che divenne noto semplicemente come ' il Hotchkiss . '

Tuttavia la struttura richiesta di una corsa pesante sul

stantuffo della macchina per separare le graffette dal loro striscia

e spingerli in una risma di carta . Infatti , Hotchkiss

Gli utenti spesso tenuti piccole mazze pronto per questo scopo .

Oltre brevetti , il primo uso pubblicata della parola

cucitrice era in una pubblicità per il Pin della carta secolo

Cucitrice che è apparso nella rivista del Munsey americano

nel 1901 . Tuttavia, fino al 1920, termini come carta

chiusura, cucitrice , e legante fiocco sono stati utilizzati

per descrivere quello che abbiamo oggi chiamato una cucitrice .

Cancelleria grossista Jack Linksy fondata Swingline ,

che poi ha continuato a diventare uno dei più noti

marchi di fissaggio del documento , nel 1930 . Nel 1937 ,

Swingline sviluppato il No. Swingline Velocità pinzatrice

3 - il primo dispositivo top-loading . Divenne subito

popolare a causa della sua facilità d'uso . A differenza dei modelli precedenti ,

dove un cacciavite e martello erano necessari per inserire

le graffette , Linksy ei suoi ingegneri hanno creato un sistema brevettato

unità in cui la parte superiore della macchina è stato semplicemente aperto e le graffette caduto a destra dentro

La cucitrice moderna è rimasto praticamente invariato

poiché Linksy perfezionato nel 1937 . Swingline è anche accreditato

con la creazione di prodotti che sono diventati cultura pop

punti di riferimento , come il modello rosso presenti nel culto

film Office Space . I modelli elettrici sono stati inventati nel

1950 , che ha reso documento fissaggio più facile che mai .

Lo sapevi?

Fino ad oggi , la parola per cucitrice in giapponese è hochikisu ,

anche se la Società Hotchkiss è stato a lungo fuori

business.

temperamatite

Prima dello sviluppo del temperamatite dedicati , coltelli

(come pen - coltelli) sono stati utilizzati per affinare le matite da

li tagliuzzare . Alcuni tipi specializzati di matite , quali

come matite da carpentiere , sono ancora affilato con un coltello

a causa della loro unica forma piatta - progettato per impedire

loro di rotolare via .

Nel 1828 , un matematico francese di nome Bernard

Lassimone inventato il primo temperamatite meccanico

e domanda per un brevetto . Il temperamatite usato minuteria metallica

file impostati a 90 gradi in un blocco di legno che raschiato e

a terra la punta della matita . Tuttavia , la invenzione non era

molto più veloce di tagliuzzare e quindi non prendere piede . Nel 1847 ,

un altro francese di nome Therry des Estwaux migliorata

sul design di Lassimone e si avvicinò con un temperino che

lavorato intrecciando la matita in un contenitore a forma di cono .

Oggi questo motivo è noto come il temperamatite prisma .

Walter Foster di Bangor , nel Maine , migliorato e semplificato

Disegno di Estwaux nel 1855 , permettendo lo strumento per essere facilmente

prodotti in massa , e dal 1880 , diverse società sono state

produzione temperamatite prisma in grandi quantità.

Tra il 1880 e 1910 , numerosi inventori

103 Tutti i giorni Inventions.indd 18 5/22/13 09:37:34

19

temperamatite

e le aziende hanno accettato la sfida di migliorare la

matita meccanica temperamatite . Questo periodo di innovazione

praticamente conclusa verso la metà degli anni 1910 , quando temperamatite

utilizzando due cilindri planetari con spirale taglienti

ha cominciato a dominare il mercato . Questo disegno è riuscito

perché la gente ha riconosciuto che il giusto approccio per

matite affilatura era quello di contenere sia la matita e

temperamatite costante e lasciare che i meccanismi interni si muovono

uniforme sulla matita , affilatura . I primi tentativi

per attuare tale disegno incorporato carta vetrata e /

o lame , nessuno dei quali ha lavorato molto bene. Poi , in

1896 AB Dick Planetario Matita Pointer è stato brevettato .

Questo temperamatite utilizzato due dischi di macinazione che ' ruotava

intorno ai loro assi come orbitavano la punta della matita ' , che è quello che viene chiamato un meccanismo planetario .

Nel 1904 , il Olcott Climax temperamatite ulteriormente

migliorato il design introducendo un taglio cilindrico

testa con spirale taglienti in un meccanismo planetario .

Con la sola eccezione della semplice , poco costoso

temperamatite prisma , questo motivo ha continuato a dominare

mercato . Il principale cambiamento da allora è stato il

introduzione di energia elettrica per trasformare la testa di taglio .

Sono stati fatti tali temperamatite elettrico per uffici

almeno dal 1917, ma non ha davvero diventare commercialmente

valida fino al 1940 .

SELLOTAPE & SCOTCH NASTRO

Scotch Tape, un marchio di 3M , è stata sviluppata nel

1930 a Minneapolis , Minnesota da inventore americano

Richard Gurley Drew . Quando Drew entrato 3M nel 1923 ,

è principalmente costituito carta vetrata e altri abrasivi .

Un pomeriggio , Drew , che era un giovane assistente di laboratorio presso l'

tempo , ha visitato un negozio di carrozzeria a St. Paul , Minnesota , a

testare un nuovo lotto di carta vetrata . Qui trovò alcuni molto

lavoratori arrabbiati . Lavori di verniciatura a due colori , che erano

popolare , al momento , ha richiesto loro di mascherare alcune parti

della vettura con nastro adesivo pesante e vecchi giornali .

Dopo la vernice secca , hanno rimosso il nastro , e spesso

staccato parte della nuova vernice!

Drew si rese conto che c'era un mercato per nastro con meno

adesivo aggressivo e così iniziò una lunga e frustrante

ricerca della giusta combinazione di materiali . Ha trascorso due

sperimentando anni prima di sviluppare una formula che

è stato mantenuto appiccicoso con l'aggiunta di glicerina e sostenuta

con la carta crespa . 3M finalmente lanciato mascheramento di Drew

nastro nel 1925 . Il disegno originale aveva adesiva lungo il suo

bordi ma non nel mezzo . Nel suo primo periodo di prova , è caduto

la macchina e un pittore frustrato auto ringhiò Drew ,

' Prendi questo nastro indietro a quei capi scozzesi di tuo! ' By

Scotch voleva dire avaro . Il soprannome bloccato .

Imperterrito, Drew tornò al lavoro e ha cominciato a

sviluppare un rivestimento impermeabile per vagoni ferroviari . Un giorno

ha parlato con un collega ricercatore 3M che stava valutando

imballaggio 3M mascheramento rotoli di nastro in cellophane , un nuovo

involucro a prova di umidità creato da DuPont . Perché , Drew

chiesti , non poteva cellophane essere rivestito con adesivo

e usato come nastro di tenuta per i suoi vagoni ?

Nel giugno del 1929, Drew ha ordinato 100 metri di cellophane con

che per condurre esperimenti . Ben presto messo a punto un prodotto

campione che ha mostrato la promessa per il confezionamento di tutti i tipi di

prodotti . Ma era difficile applicare uniformemente l'adesivo

su cellophane , che diviso facilmente durante macchina

rivestimento. Ci sono voluti Drew oltre un anno per risolvere questi problemi

e non è stato fino alla fine del 1930 che 3M finalmente lanciato

Scotch nastro adesivo. Ha continuato a diventare uno dei

la maggior parte dei prodotti famosi e ampiamente utilizzati nella storia

3M . Il suo successo ha segnato l'inizio della società

diversificazione , e li ha aiutati a fiorire nonostante l'

Grande Depressione .

Sellotape , lanciato da inglesi Colin Kininmonth

e George Gray nel 1937 , è il marchio leader nastro adesivo

nel U.K. , India e altri paesi . E 'stato creato da

pellicola di cellophane di rivestimento con una resina di gomma naturale .

CORREZIONE FLUID

Correttori liquidi I primi erano tipicamente inchiostri bianchi , che

non corrisponde il colore della carta molto bene, ha avuto un lungo

il tempo di asciugare , ed erano difficili da scrivere sopra . Uno dei

primi correttori liquidi moderno è stato inventato nel 1951 da

un segretario da Dallas , Texas , chiamato Bette Nesmith

Graham. Graham ha iniziato a lavorare come dirigente

segretaria poco dopo la seconda guerra mondiale. Ben presto ha deciso di

trovare un modo migliore per correggere i suoi errori di battitura .

Un giorno, Graham mettere un po ' di vernice a base d'acqua tempera,

colorati per abbinare la cancelleria ha usato , in una bottiglia ,

e ha preso il pennello acquerello a lavorare . Ha usato questo per

correggere i suoi errori di battitura e ha scoperto che il suo capo non

notato. Presto un altro segretario ha visto la nuova invenzione

e ha chiesto per alcuni. Graham ha trovato una bottiglia verde a casa , scritto errore su un'etichetta , e ha dato al suo amico .

Presto tutti i segretari di edificio voluto troppo .

Nel 1956 , Graham ha iniziato l'errore Out Company (più tardi
rinominato carta Liquid) dalla sua casa North Dallas . lei
trasformato la sua cucina in un laboratorio , una migliore miscelazione
prodotto nel frullatore . Suo figlio , Michael Nesmith , più tardi
famoso come cantante / chitarrista della famosa banda 1960 The
Monkees , ei suoi amici pieni di bottiglie per i clienti.

Inizialmente Graham ha fatto poco denaro, nonostante notti di lavoro
e nei fine settimana per riempire gli ordini . Un giorno, però , ha fatto
un errore di battitura sul lavoro, che anche Errore Out non poteva
correggere, è stato licenziato . Ha poi deciso di dedicare tutta la sua
tempo per la sua nuova società , e di business presto esplose .

Carta Liquid è diventato un business di milioni di dollari nel 1967 .

Un altro marchio importante del liquido di correzione è Wite -Out , ora
prodotto da BIC Corporation . La sua storia risale al
1966, quando George Kloosterhouse , un'impresa di assicurazione , società di
impiegato, notò che il fluido di correzione contemporanea tendeva
sporcare l'inchiostro sulle fotocopie . Kloosterhouse , con
l'aiuto del farmacista Edwin Johanknecht , poi sviluppato
' Wite -Out WO - 1 Cancellazione Liquid ' specificamente per
fotocopie . Nel 1971 , hanno fondato Wite -Out Prodotti
Inc. per venderlo .

Le prime forme di Wite - Out venduto al 1981 sono stati Waterbased
e idrosolubile. Anche se questo ha reso facile da pulire ,

ha anche preso più tempo ad asciugare e non ha funzionato bene su nonphotocopier

media come documenti dattiloscritti .

La società ha affrontato questi problemi nel luglio 1990 da

introducendo una , rapida essiccazione a base solvente , 'For Everything '

correttore liquido . Oggi , Carta liquido e Wite -Out restano

le più popolari marche di liquido di correzione in Nord America ,

Australia e Brasile , mentre Tipp- Ex è popolare in Europa .

SVEGLIE

Le persone hanno fatto orologi con allarme

meccanismi fin dai tempi antichi . Il filosofo greco

Platone diceva di possedere un grande orologio ad acqua con una

segnale di allarme simile al suono di un organo ad acqua . il

Ingegnere ellenistica e inventore Ctesibius montato la sua

orologi ad acqua con sistemi di allarme elaborati , che potrebbero

essere fatto a cadere sassi su un gong o colpo trombe a

tempi pre- impostato. Molte grandi sveglie alimentato ad acqua ,

anche se non molto preciso , sono stati costruiti in Europa, Cina , e

il mondo arabo nei prossimi secoli. erano

particolarmente popolare nei monasteri , dove i monaci dovevano

recitare preghiere ad orari prestabiliti .

I primi orologi meccanici powered by pesi cadenti

sono state fatte nel 14 ° secolo . Alcuni dei campanili in

Europa occidentale costruito durante questo periodo sono stati in grado di

rintocchi in un momento fisso ogni giorno . La famosa fiorentina

scrittore Dante Alighieri , nel 1319 , descrisse nei suoi scritti

uno dei primi di questi orologi meccanici . il più

famosa torre dell'orologio originale colpisce ancora in piedi è

forse quella in Piazza San Marco , a Venezia , che è stato

assemblato nel 1493 .

Sveglie meccaniche impostabili dall'utente sicuramente risalgono al 15 ° secolo Europa almeno . Questi primi allarme

orologi avevano un anello di buchi nel quadrante orologio e sono stati fissati

inserendo un perno nel foro appropriato . l'invenzione

della molla permesso orologi a diventare più piccoli . da

1620 , orologi di casa erano in uso e alcuni addirittura avevano

meccanismi di allarme.

E 'stato affermato erroneamente che Levi Hutchins , un

orologiaio di Concord , New Hampshire , ha inventato

la prima sveglia per svegliare se stesso in tempo per

il suo lavoro . E 'vero che nel 1787 , Hutchins bloccato il funzionamento

di un grande orologio in un armadio piccolo , inserito un pignone

o attrezzi , e attese l'arrivo di 4 AM . quando quattro

Alle finalmente intorno , l'ingranaggio è scattato , che

impostare una campana in movimento. Tuttavia , il dispositivo Hutchins ' stata fatta

solo per se stesso , ha squillato solo alle 4 del mattino e continuava a squillare fino

la molla corse fuori . Inoltre , altri inventori avevano avuto

idee simili prima. L'inventore francese Antoine Redier

fu il primo a brevettare una sveglia meccanica regolabile

nel 1847 . L' Seth Thomas Clock Company of Connecticut ,

Stati Uniti d'America , è stato concesso un brevetto nel 1876 per un piccolo comodino

sveglia. Alla fine degli anni 1870 , questi orologi è diventato popolare

e tutte le principali aziende di clock iniziato a fare loro.

Da lì in poi, le cose si muovevano velocemente . L'allarme era ripetitore

inventato , l'elettricità ha permesso di motori per muovere le mani , e

bip , trilli , e le canzoni sostituito il suono delle campane .

MATITE MECCANICHE

Fino all'inizio del 20 ° secolo, i produttori

titolari di piombo prodotti piuttosto che vero meccanico

matite. Un supporto piombo è semplicemente un tubo che contiene un bastone

di piombo, senza la possibilità di avanzare o riavvolgere il cavo come

è esaurita. È stato trovato uno dei titolari di piombo primi

a bordo del relitto della nave da guerra britannica HMS Pandora,

che affondò nel 1791 dopo l'arenamento sulla Grande

Barriera corallina vicino alla costa dell'Australia. Questo supporto piombo

è stato diviso in due metà per circa tre quarti della sua

lunghezza, in modo che una metà potrebbe essere rimosso da mettere una nuova

grafite 'piombo' dentro. Thomas Jones di Whitechapel,

Londra, aveva brevettato questo tipo di matita nel 1783.

Il primo brevetto per una matita ricaricabile con lead-propulsione

meccanismo è stato pubblicato nel 1822 in Gran Bretagna per Sampson

Mordan e John Hawkins. La loro invenzione non era un vero

matita meccanica, in quanto gli utenti hanno dovuto trasportare pezzi uniformi

di portare in tasca da usare come e quando necessario.

Società di Mordan continuato a fabbricare matite

e una vasta gamma di oggetti d'argento fino alla seconda guerra mondiale.

Più di 160 brevetti relativi alle matite meccaniche erano

emessi tra il 1822 e il 1874. Ad esempio, A.W. Faber

dalla Germania ha creato un modello intorno al 1860. Questa matita è stato commercializzato verso disegnatori di architettura ed è stato

forato, in modo da poter essere dotato di una più lunga. Nel 1861,

Faber anche brevettato il meccanismo della frizione-twist bloccaggio

per matite. La prima matita meccanica a molla era

brevettato nel 1877 e di un meccanismo a rotazione alimentazione nel 1895.

In Giappone, Tokuji Hayakawa ha introdotto il Mai-Ready

Matita Sharp nel 1915, con un albero di metallo resistente

fatto di nichel, un meccanismo basato vite, e

piombo tagliente. L'presto Ever-Sharp ha iniziato a vendere in grandi

numeri. Hayakawa si è continuato a fondare l'

Sharp Corporation. Chiamato dopo la sua matita, oggi è un

multinazionale di elettronica.

Intorno allo stesso tempo, americano Charles R. Keeran

era lo sviluppo di una matita simile con un vantaggio molto sottile

che sarebbe diventato il precursore di più di oggi

matite. Il suo progetto, che ha chiamato la Eversharp, era

ergonomicamente suono, di facile fabbricazione, affidabile, e

durevole. E 'stato cricchetto-based, che Hayakawa di stato

vite-base. La Società Wahl di Chicago acquistata

Keeran nel 1917 e ha iniziato a vendere le sue matite meccaniche

a milioni. Altri produttori, come Sheaffer,

Parker e Waterman presto seguito. Oggi la diretta

discendenti di queste matite classici si possono trovare in qualsiasi

cartoleria o negozio ufficio di alimentazione.

FRANCOBOLLI

Un certo numero di persone che hanno rivendicato il concetto di

francobollo. Nel 1680, William Dockwra e il suo partner

Robert Murray ha istituito il London Penny Post,

che consegnato lettere e piccoli pacchi a Londra

un centesimo. Molti storici ritengono che questo sia il mondo del

primo servizio postale moderno. A differenza di posta elettronica di oggi, tuttavia,

affrancatura è stato pagato solo dopo che la lettera è stata consegnata

e accettato.

Nel 1835, il funzionario austro-ungarico Lovrenc

Koširy suggerito l'uso di 'tassa postale apposto artificialmente

Stamp 'con papieroblate gepresste (wafer carta pressata).

Una stampante scozzese ed editore, James Chalmers, anche

ha affermato di essere l'inventore dell'adesivo francobollo

e presentato una proposta al British General Post

Ufficio nel 1838.

Tuttavia, francobolli come li conosciamo erano di prima

introdotto nel Regno Unito nel 1840 come parte di

riforme postali promosso da insegnante, inventore e sociale

riformatore Sir Rowland Hill.

Grande obiettivo di Hill era quello di invertire le perdite finanziarie costanti

delle Poste e il suo progetto divenne noto come il

Grande post Riforma Office. Ha convinto il Parlamento a

adottare l'uniforme Fourpenny Post, che è andato in

effettuare nel 1839. il primo francobollo prepagata, il penny

nero, è stato messo in vendita a maggio 1840. Due giorni dopo l'

è stato introdotto due pence blu. Entrambi i francobolli inclusi

un'incisione del giovane regina Vittoria. Ma nero era

Non una buona scelta di colore del timbro poiché qualsiasi annullamento

marchi erano difficili da vedere. Così dal 1841 in poi, i francobolli

sono stati stampati in un colore rosso mattone. Altri paesi presto

seguito con i propri francobolli. La Svizzera ha emesso il

Zurigo 4 e 6 centesimi nel 1843. Brasile rilasciati Occhio del Toro

timbrare stesso anno, optando per un disegno astratto invece

di un ritratto dell'imperatore Pedro II, in modo che un timbro

non sarebbe sfigurare la sua immagine. I primi francobolli in India

sono stati emessi in ottobre 1854 con i quattro valori: la metà Anna,

anna uno, due anna (in verde), e quattro Anna. Quest'ultimo

è stato uno dei primi francobolli bicolori del mondo - in rosso e

blu. Tutte le quattro varianti presenti un profilo giovanile della regina

Victoria e sono stati progettati e stampata a Calcutta.

Dopo l'introduzione del francobollo, la

numero di lettere nel Regno Unito è aumentato drammaticamente. Da

1850, il numero di lettere inviate era aumentato da 76

milioni a 350 milioni, e ha continuato a crescere fino a quando il

fine del 20 ° secolo. Oggi, tuttavia, le e-mail hanno

drasticamente ridotto l'uso di francobolli.

MACCHINE DA SCRIVERE

Un certo numero di persone che ha contribuito allo sviluppo di

macchine da scrivere successo commerciale. Italiano Pellegrino Turri

inventato la prima macchina da scrivere di lavoro nel 1808; le lettere digitate

sulla sua macchina ancora esistere. Turri ha anche inventato la carta carbone per

fornire inchiostro per la sua macchina. Molte macchine precoce, comprese

Turri di, sono stati sviluppati per consentire ai ciechi di scrivere.

Tra il 1829 e il 1870, molti inventori in Europa e

L'America brevettato di stampa o di battitura macchine, ma nessuno

di loro è andato in produzione commerciale. Alcuni di questi

macchine sono un'invenzione americana Charles Thurber a

aiutare i non vedenti nel 1843, il prototipo di italiano Giuseppe Ravizza

typewriter chiamato Cembalo scrivano o macchina Da Scrivere un Tasti,

una macchina per scrivere con le chiavi nel 1855 e sacerdote brasiliano

Macchina da scrivere di Francisco João de Azevedo nel 1861.

Nel 1865, il Rev. Rasmus Malling-Hansen di Danimarca inventato

Hansen Writing Ball, il primo commercialmente venduti

macchina da scrivere. E 'andato in produzione nel 1870. Suo caratteristico

caratteristica era un accordo di 52 tasti su un grande in ottone

emisfero. Questa macchina ha avuto successo in Europa e

utilizzati negli uffici a Londra fino al 1909.

La prima macchina da scrivere per avere successo commerciale è stato il

Remington No. 1. Inventore americano Christopher Sholes

progettata con l'aiuto di Samuel Soule e Carlos

Glidden. Questa macchina è stato commercializzato come Sholes

e Glidden Type-Writer, che fu l'origine del termine

macchina da scrivere. William K. Jenne ulteriormente raffinato disegno Sholes '

e la Società Remington ha iniziato la produzione del suo primo

macchina da scrivere nel 1873 al prezzo di $ 125.

Il Remington n ° 1 aveva dipinto fiori e decalcomanie e

sembrava più una macchina da cucire. Ha incorporato elementi

come un rullo cilindrico e il primo QWERTY a quattro remato

tastiera, che, a causa del successo della macchina, era presto

adottato da altri produttori di macchine da scrivere. Ma questa macchina

poteva stampare solo lettere maiuscole. Una significativa innovazione

nella storia delle macchine da scrivere erano i tasti shift e shift lock,

che ha permesso sia maiuscole e minuscole uscita dal

stessa tastiera. Questa caratteristica ha contribuito a semplificare dattilografo

funzionamento e ridurre i costi di produzione, riducendo così la

il prezzo delle macchine da scrivere. La prima macchina da scrivere con un tasto shift era

il n ° 2 Remington del 1878.

Macchine da scrivere non è diventato comune negli uffici fino a dopo la

metà del 1880. Ciò ha permesso alle donne di unirsi alla forza lavoro in gran

numeri per la prima volta. Nel 1909, 89 typewriter separato

produttori esistevano negli Stati Uniti da solo, e nel 1910,

la macchina da scrivere meccanica aveva raggiunto un design standardizzato.

Macchine da scrivere elettriche

L'universale Stock Ticker è stato inventato da Thomas Alva

Edison nel 1870. Questa stampante elettrica popolare segnali ricevuti

da una linea telegrafica e le lettere di uscita automaticamente e

numeri, per lo più i prezzi delle azioni, su un nastro di carta. Edison tardi

costruito una macchina azionata da una serie di magneti, ma era

grandi, costosi e commercialmente riuscito.

La prima macchina da scrivere pratico elettrico è stato sviluppato da

Americano George Blickensderfer e lanciato dal suo

azienda, con sede a Stamford, Connecticut, nel 1902. L'Blick

Elettrico ha alcuni vantaggi di macchine da scrivere elettriche successive,

compresi i tocchi leggeri chiave, anche digitando e automatico

ritorni a capo. La macchina è stata alimentata da un Emerson

motore elettrico. Ma anche questo non era commercialmente

successo, forse perché digitato lentamente o perché

fornitura di energia elettrica non era ancora stato standardizzato.

James Smathers di Kansas City, Missouri, ha inventato il

prima macchina da scrivere pratico comando elettrico. Smathers

voluto per aumentare la velocità di battitura e diminuire l'affaticamento

e lui aveva completato un modello di lavoro nel 1912. In

1923, il Nordest Electric Company di Rochester, New

York, aveva acquisito brevetti Smathers '. Northeast ulteriormente

design sviluppato Smathers 'così che potessero commercializzare a

produttori di macchine da scrivere. Nel 1925, è stato utilizzato per lanciare le macchine da scrivere Remington elettrici. E nel 1929, Nord-Est

entrata nel mondo della macchina da scrivere per se stesso, producendo l'

prima Electromatic Typewriter.

Nel 1935, IBM, che aveva acquisito il Electromatic

tecnologia, ridisegnato e lanciato come IBM elettrico

Macchina da scrivere Modello 01. Smathers aderito IBM, dove ha

continuato a lavorare su macchine da scrivere. Nel 1941, IBM ha lanciato

Modello Electromatic 04, che ha introdotto proporzionale

spaziatura tra le lettere (crenatura) dove le lettere come la 'i' e 'w'

avere larghezze diverse. Questa innovazione ha reso dattiloscritto

documenti sembrano più pagine stampate. Nel 1961, IBM

lanciato il Selectric rivoluzionario, che ha eliminato

«confetture» e accettati cambiamenti di carattere rapidi di stampa con un

piccolo, sferico 'typeball' invece di barre di tipo tradizionale.

Selectric dominato il mercato degli uffici della macchina da scrivere per almeno

due decenni. Le versioni successive anche aggiunto la possibilità di correggere

errori di digitazione e modifica della dimensione dei caratteri all'interno dei documenti.

Macchine da scrivere elettroniche cominciato sostituendo quelli elettrici nella

primi anni 1980. Queste macchine, lanciato da Xerox, Fratello,

e Canon, erano word processor presto. Avevano elettronico

memorie, display, l'ortografia e correttori grammaticali e

unità disco. Oggi, personal computer e laser oa getto d'inchiostro

stampanti hanno sostituito le macchine da scrivere elettroniche.

CELLOPHANE

Cellophane è un foglio sottile, trasparente, fatta di

cellulosa rigenerata, un polimero naturale di glucosio

ottenuto in grandi quantità dalla pasta di legno o di cotone pelucchi.

E 'biodegradabile al 100 per cento e la sua bassa permeabilità

per aria, oli, grassi, batteri e acqua rende utile

per imballaggio alimentare.

Cellophane emerso da una serie di iniziative condotte

nel corso del tardo 19 ° secolo per la produzione di materiali artificiali

dalla modifica chimica di cellulosa. Nel 1892, l'inglese

chimici Charles F. Croce e Edward J. Bevan brevettati

viscosa, una soluzione di cellulosa trattato con soda caustica

e solfuro di carbonio.

Cellophane è stato inventato dal chimico svizzero Jacques Edwin

Brandenberger. Una volta Brandenberger era seduto in un

ristorante nel 1900, quando il vino un cliente versato sul

tovaglia. Mentre il cameriere ha sostituito il panno, decise

inventare una pellicola trasparente flessibile da applicare al tessuto, rendendolo

impermeabile. La sua prima idea era quella di spruzzare un rivestimento impermeabile

su tessuto e ha scelto di provare viscosa. La risultante rivestito

tessuto era troppo rigida, ma la pellicola trasparente facilmente separati

dalla tela di supporto e ha abbandonato i suoi piani originali

come le possibilità di questo nuovo materiale è diventato chiaro.

Ci sono voluti dieci anni per Brandenberger per perfezionare il suo film, che

aveva chiamato Cellophane, dalle parole di cellulosa e

diaphane ('trasparente'). La sua principale innovazione è stata di aggiungere glicerina per ammorbidire il materiale. Nel 1912, aveva costruito

una macchina per la produzione del film e lo brevettò.

Cellophane ha visto le vendite limitato in un primo momento dato che era impermeabile,

ma non a prova d'umidità - ha tenuto l'acqua, ma è stato permeabile

al vapore acqueo. Ciò significava che era inadatto a

imballaggio prodotti che richiedevano impermeabilizzazione.

La società chimica americana Du Pont assunto chimico

William Hale Charch, che ha trascorso tre anni in via di sviluppo

una lacca nitrocellulosa che se applicato al cellophane

ha reso all'umidità. Dopo la sua introduzione nel 1927,

le vendite del materiale triplicate tra il 1928 e il 1930. Nel 1938,

Cellophane rappresentato il 10 per cento delle vendite di Du Pont

e il 25 per cento dei suoi profitti.

Pellicola di cellulosa è stato prodotto ininterrottamente

partire dalla metà degli anni 1930 ed è ancora usato oggi. Oltre al cibo

imballaggio, ha molte applicazioni industriali e,

come base per nastri autoadesivi, un semi-permeabile

membrana utilizzata in alcuni tipi di batterie, come dialisi

tubi, tubi Visking, e come agente di distacco nella

fabbricazione di fibra di vetro e prodotti in gomma.

ERASER

Gomme tipiche o gomme sono in gomma sintetica.

Gomme da cancellare raccogliere particelle di grafite, eliminando così la matita

segni dalla superficie di carta. Questo funziona perché la

molecole in gomme sono 'vischiosi' quello della carta, in modo che quando

la gomma viene strofinato sul segno di matita, la grafite

attacca alla gomma, piuttosto che la carta.

Prima di gomme di gomma, sono stati utilizzati tavolette di gomma o di cera

per cancellare segni di piombo o carbone dalla carta. Frammenti di grezzi

pietra, come arenaria o pomice sono stati utilizzati per rimuovere

piccoli errori da documenti in pergamena o papiro

scritta in inchiostro. Crosta di pane-meno è stato utilizzato anche come

eraser; in realtà, un Meiji-era (1868 - 1912) studente a Tokyo

ha detto: 'eraser pane sono stati utilizzati al posto di gomme di gomma

e così li avrebbero dare a noi senza alcuna restrizione

importo. Così abbiamo pensato nulla di assunzione di questi e mangiare

una parte all'azienda di soddisfare almeno un po 'la nostra fame ...'

Il pane era il migliore di tutte le sostanze impiegate per la rimozione

matita segna fino a quando la gomma naturale è diventato disponibile in

il Vecchio Mondo. Chimico inglese e teologo Joseph

Priestley stato il primo a descrivere il suo uso per la rimozione

segni di matita. Nel 1770, ha detto ai lettori del suo libro Familiar

Introduzione alla Teoria e pratica della prospettiva in cui

di acquistare le prime gomme in gomma:

Dal momento che questo lavoro è stato stampato fuori, ho visto una sostanza

ottimamente adattato allo scopo di cancellare dalla carta l'

segni di un black-lead-matita. Si deve, quindi, essere di singolare

utilizzare per chi pratica il disegno. E 'venduto dal Sig. Nairne,

Matematica costruttore di strumenti, di fronte al Royal Exchange.

Lui vende un pezzo cubica, di circa un centimetro, per tre scellini;

e dice che durerà diversi anni.

Tuttavia, la gomma naturale è anche deperibile. Nel 1839,

Inventore americano Charles Goodyear scoprì il

processo di vulcanizzazione, in cui lo zolfo viene aggiunto

gomma per 'curare' e renderla durevole. Eraser di gomma

è diventato comune con l'avvento di vulcanizzazione.

Il 30 marzo 1858, Imene Lipman di Philadelphia, USA

ha ricevuto il primo brevetto per collegare una gomma alla fine

di una matita. La sua matita ha una scanalatura sulla sua punta in cui

una gomma è stato incollato. All'inizio degli anni 1860, il famoso Faber-

Società Castell, fondata in Germania nel 1761 e ancora

noto oggi, stava facendo le matite con annesso

gomme. Molto Poco dopo, altre imprese anche

ha iniziato a fare le matite simili, che è venuto per essere conosciuta

come matite penny perché erano poco costoso. Essi

presto divenne estremamente popolare.

CLIP DI CARTA

Il fissaggio delle carte è storicamente documentata

già nel 13 ° secolo, quando la gente mette un nastro

attraverso incisioni parallele negli angoli delle pagine. Più tardi

i nastri sono stati cerati per renderli più forti e

più facile da annullare e ripetere. Questo metodo di carte di clipping

insieme continuato per i prossimi 600 anni. Molte volte,

spine cilindriche prodotti in serie, introdotta nel 1835, sono stati

utilizzato anche per documenti di fissaggio, anche se non erano

destinato a tale scopo.

Il primo brevetto per una graffetta piegata filo era probabilmente

assegnato a Samuel B. Fay degli Stati Uniti nel 1867.

Questo clip è stato originariamente destinato per attaccare i biglietti per

tessuto, ma Fay capito che potrebbe anche essere utilizzato per collegare

carte insieme. Sebbene funzionale e pratico, Fay di

progettazione insieme agli altri 50 o giù di lì disegni brevettati

prima del 1899, non sono mai stati pubblicizzati o venduti ampiamente.

Graffette Bent fili è diventato popolare solo dopo massproduced

filo di acciaio, e la macchina per piegarlo

divenne affidabile ed economico disponibile alla fine del

19 ° secolo. Il tipo più comune di graffetta filo

ancora in uso, la graffetta Gem, ma non è mai stato brevettato

è più probabile essere prodotta in Gran Bretagna da The Gem

Manufacturing Company nei primi anni 1870. Un 1883

articolo su Gem Paper-Fasteners li elogia per essere

'Meglio di spilli ordinaria per' legare insieme i documenti

sullo stesso argomento, un fascio di lettere, o pagine di un

manoscritto '. Clip di carta sono ancora a volte chiamati Gem

clip e in svedese, la parola per ogni graffetta è gioiello.

Da allora, innumerevoli varianti sullo stesso tema hanno

stato brevettato ma il tipo Gem originale ha dimostrato di essere

il più pratico, e di conseguenza, è ancora di gran lunga il più popolare. Altre forme sono talvolta ancora utilizzati, come

il antisdrucciolevole; l'Ideale, utilizzato per grossi rotoli di carta; il

Gufo, chiamato per le sue due cerchi a forma di occhio; e la perfetta

Gem o gotico, che è favorita da bibliotecari perché il suo

gambe più lunghe rendono meno probabile piegare e strappare la carta.

Un norvegese Johan Vaaler, è stato identificato in modo errato

come l'inventore della graffetta. In realtà, Vaaler di

invenzione fu mai fabbricato o commercializzato, perché

da allora la Gem superiore era già disponibile. Tuttavia,

tempo dopo la morte di Vaaler, i suoi connazionali hanno creato un

mito nazionale basata sul falso presupposto che l'

graffetta è stato inventato da un norvegese non riconosciuta

genio. Dopo la seconda guerra mondiale, la graffetta anche diventato un

simbolo di unità nazionale e di orgoglio in Norvegia.

Spille di sicurezza

Un perno di sicurezza è una variante del perno normali includono un

semplice meccanismo a molla e una fibbia. La chiusura ha due

scopi: formare un anello chiuso, collegando così il perno

più sicuro e anche per coprire la sua estremità taglienti per evitare

punture di spillo. Essi sono comunemente utilizzati per fissare insieme

pezzi di tessuto come i vestiti danneggiati e pannolini di stoffa

(pannolini), ma hanno molti altri usi.

Sebbene perni sono stati utilizzati come elementi di fissaggio dal preistorica

volte, prolifico meccanico e inventore americano Walter

Hunt di New York è considerato come l'inventore del

moderna spilla di sicurezza. Avendo bisogno di saldare un debito di $ 15 con un

amico, un giorno Hunt ha deciso di inventare qualcosa di nuovo

al fine di ripagarlo. Stava torcendo un pezzo di ottone

filo che era lungo circa otto centimetri, quando ha deciso di

effettuare una bobina al centro del filo in modo che aprirebbe

quando viene rilasciato. Ha poi aggiunto un fermaglio e il punto separato

all'altra estremità, permettendo al punto da forzare nella

stringere entro la primavera. La chiusura anche tenuto le dita al sicuro da

infortunio da cui il nome 'perno di sicurezza'. L'intero invenzione

Hunt ha preso solo tre ore per creare.

Nel 1849, Hunt ha ricevuto un brevetto per la sua invenzione, ma presto

venduto i diritti alla WR Grace and Company per soli $ 400,

che sarebbe un po 'più di $ 10.000 di oggi. Che cosa

Hunt non è riuscito a capire è che negli anni a seguire, WR

Grazia, che esiste ancora come produttore di specialità

prodotti chimici e materiali, avrebbero fatto milioni di dollari

profitti dalla sua invenzione.

Fallimento di Hunt per fare soldi dalla sua invenzione fu

tipico dell'uomo. Era un versatile e creativo

inventore che ha creato una sorprendente gamma di romanzo

dispositivi tra cui la macchina da cucire a punto annodato, un

precursore del fucile a ripetizione Winchester, un successo

filatore di lino, un arrotino (ancora costituito e

ampiamente usato oggi), la penna stilografica, un chiodo-making macchina, un tavolo al ristorante turco, una sega-albero abbattimento, un

nave di rompere il ghiaccio, calamai, una campana tram, un hard-coalburning

stufa, pietra artificiale, spazzamento macchinari,

il velocipede (una bicicletta presto), un tacco scarpa, un ceilingwalking

dispositivo utilizzato nei circhi, e l'aratro ghiaccio.

Purtroppo per lui, non ha mai realizzato il commercio

importanza delle proprie invenzioni e sia riuscito a

li brevettare o venduto i brevetti per piccole somme di

denaro.

Caleidoscopi

Un caleidoscopio è un cilindro con specchi contenenti

sciolti, oggetti colorati come le perline, ciottoli e bit

di vetro. Come si osserva in una estremità, la luce entra l'altro,

riflette fuori degli specchi, e crea modelli colorati.

La parola 'caleidoscopio' è stato coniato nel 1817 da Scottish

inventore Sir David Brewster. È derivato dal

Antico καλός Greco (kalos) significa 'bello, bellezza',

εἶδος (eidos) che significa 'ciò che si vede: la forma, la forma'

e σκοπέω (skopeō) che significa 'a guardare a, per esaminare',

quindi 'osservatore di belle forme.'

Sir David Brewster era un fisico scozzese, matematico,

astronomo, inventore, scrittore, e principale università.

Ha iniziato il lavoro che ha portato alla caleidoscopio nel 1815

mentre conduceva esperimenti sulla polarizzazione della luce.

Mentre stava guardando alcuni oggetti alla fine di due

specchi, Brewster ha notato che i modelli ei colori erano

ricreato e riformata in belle nuove disposizioni.

Incuriosito, decise di creare un dispositivo per generare

tali modelli. Il suo progetto iniziale consisteva in un tubo con

coppie di specchi ad una estremità, coppie di dischi traslucidi

gli altri e perline tra i due. Brewster nome

e brevettato la sua invenzione nel 1817 e ha scelto di fama

scientifica liutaio Filippo Carpenter come unico

produttore. Ben presto si è rivelato un enorme successo

con 200.000 caleidoscopi venduti a Londra e Parigi in

appena tre mesi.

Brewster ha cominciato a pensare che avrebbe fatto un sacco di soldi

dalla sua invenzione popolare. Tuttavia, qualcuno presto

capito che un difetto nella sua domanda di brevetto, GB 4136,

altri il permesso di copiare liberamente esso. A quanto pare, un prototipo

era stato indicato per gli ottici di Londra e copiato prima

il brevetto è stato concesso. Come risultato, il caleidoscopio

cominciò ad essere prodotto in grandi numeri, ma dato nessun

benefici finanziari diretti per Brewster.

Inizialmente inteso come strumento di scienza, il caleidoscopio era

successivamente venduto come un giocattolo. Sono diventati molto popolari nel corso del

Età vittoriana come diversivo salotto. Nel corso del 1870,

uno dei più popolari negli Stati Uniti caleidoscopio caffè

Charles era Bush. Ha brevettato il suo caleidoscopio salotto nel 1873. Questi giocattoli, che sono state fatte con una base rotonda

o come una versione a quattro zampe più rari, sono oggi molto ricercati

dai collezionisti.

Un revival di interesse per caleidoscopi iniziata alla fine

1970, e nel 1980, una mostra aiutato interesse di carburante in

come una forma d'arte. Oggi, ci sono centinaia di grandi

produttori caleidoscopio e artisti.

SURF

Tavole da surf sono state inventate nell'antica Hawaii, dove si

erano meglio conosciuto come papa he'e nalu in hawaiano

lingua. In quei giorni, il surf è stato un affare profondamente spirituale,

dall'arte di cavalcare le onde stesse, a pregare

per la buona navigazione, e ai rituali che circondano la costruzione di un

tavola da surf. Surfing non era destinata solo per la ricreazione, ma

anche per la formazione dei capi e risolvere i conflitti. C'erano

due tipi di tavole da surf antichi: la Olo, lungo 14-16 metri

e cavalcato solo dai capi o nobili, e la Alaia,

Lungo 10-12 metri e cavalcato dai popolani. Entrambi erano

realizzati con legno massello da alberi locali come il Wili

Wili, Ula e Koa e potrebbero pesare più di 100 libbre.

Non avevano le pinne e non erano manovrabile. La più antica

tavola da surf ancora in vigore risale al 1778 e può essere

trovato in Bishop Museum di Hawaii.

Entro la metà del 19 ° secolo, molti missionari occidentali avevano è arrivato alle Hawaii e il surf era quasi estinta. Era

Non fino al 20esimo secolo che gli hawaiani con

Coloni europei e americani iniziarono surfing di nuovo. Uno

surfer presto, George Freeth, sperimentato con una più breve

progettazione della scheda tagliando il suo 16 piedi a bordo hawaiano a metà.

Freeth diventato il primo surfista professionista, promuovendo una

società ferroviaria a Los Angeles, California.

Il prossimo grande cambiamento si è verificato nel 1926, quando Tom

Blake ha progettato la prima tavola da surf cavo. E 'stato fatto

di sequoia, ha avuto centinaia di fori in esso, ed è stato

incassato con sottili strati di legno su entrambi i lati. Blake

tavola da surf cava è stato molto veloce in acqua. Divenne

grande successo e nel 1930, è stata la prima scheda ad essere

prodotto in serie. Blake ha anche inventato il 'pinna fisso' nel 1935.

Questa era una piccola pinna attaccata alla parte inferiore della scheda

per consentire ai navigatori di manovrare meglio e dare le schede

maggiore stabilità.

Nel 1932, legno di balsa leggero dal Sudamerica aveva

diventato un materiale popolare per la costruzione di tavole da surf. Dopo

Vetroresina Seconda Guerra Mondiale, plastica e polistirolo divennero

ampiamente disponibili. Un uomo di nome Pete Peterson ha costruito il primo

pensione in fibra di vetro nel 1946. Durante la fine del 1950, hawaiana

George Downing ha sviluppato il popolare tavola da surf 'pistola',

chiamato per la sua capacità di 'scovare' grandi onde.

Shortboards, lungo circa 6 metri, è diventato popolare durante alla fine del 1960 a causa della loro leggerezza, velocità e

manovrabilità. Essi sono stati inizialmente conosciuti come 'tascabile

razzi 'e spesso avuto due o tre alette per una maggiore stabilità

nell'acqua. Oggi, a buon mercato shortboard "popout", inventato

dall'australiano Shane Steadman nel 1970, dominano l'

mercato, anche se-lunghe tavole tradizionali sono ancora popolari.

Juke-box

Carillon a gettoni e pianole erano

primi dispositivi jukebox-like. Questi dispositivi utilizzati carta

rulli, dischi di metallo, o cilindri di metallo per giocare un musical

Selezione degli strumenti racchiusi al loro interno. In

1890 sono stati raggiunti dalle macchine che utilizzavano musicale

registrazioni invece di strumenti fisici.

Uno dei primi precursori al jukebox moderna era

creato da Louis Glass e William S. Arnold, che ha avuto

posto un fonografo Edison cilindro gettoni in

Palais Royale Saloon di San Francisco nel 1889. Questa è stata la

prima macchina 'Nichel-in-the-Slot'. Non aveva amplificazione e

i clienti hanno dovuto ascoltare la musica utilizzando uno dei quattro ascolto

tubi, qualcosa di simile a delle cuffie acustiche. La macchina

era molto popolare e ha guadagnato più di $ 1000 entro sei mesi.

I primi disegni jukebox sbloccato il meccanismo su

ricevere una moneta. L'ascoltatore poi ha dovuto girare una manovella per riprodurre la musica. La maggior parte delle macchine erano in grado di

tiene solo una selezione musicale. Spesso molti di loro

sono state allegate ad ascoltare tubi e messi insieme in

saloni fonografo. Questo ha permesso ai clienti di selezionare

tra i più record, ognuno gioca dalla propria macchina.

Nel 1918, Hobart C. Niblack brevettato un apparecchio che registra automaticamente modificato. Ciò ha portato ad uno dei primi

jukebox con musica selezionabile, introdotto nel 1927 da

Automated Musical Instrument Company.

Nel 1928, Justus P. Seeburg, che stava fabbricando giocatore

pianoforti, combinato un altoparlante con un gettone

giradischi e ha dato l'ascoltatore una scelta di otto

record. Questa macchina audiofono aveva otto separato

giradischi montato su un dispositivo ruota-come Ferris rotante.

Tali jukebox amplificati in grado di competere con un grande

orchestra per solo il costo di un nickel (5 centesimi).

Il termine jukebox è entrato in uso negli Stati Uniti intorno al 1940

ed è stato derivato dal comune americano frase juke

congiunto, un bar malfamato o in discoteca.

Juke-box erano più popolare dal 1940 attraverso l'

metà del 1960. Entro la metà del 1940, i tre quarti dei

le registrazioni prodotte in America è andato in jukebox.

Inizialmente hanno suonato musica registrata su cilindri di cera,

che sono stati successivamente sostituiti da 78 giri gommalacca

registrazioni, dischi 45 giri in vinile, CD e MP3. Oggi

jukebox rimangono popolari nei bar, ma sono scesi

di favore con quello che una volta erano i loro più redditizio

Sedi-ristoranti, trattorie, caserme, il video

portici, e lavanderie.

Palle da tennis

La parola di tennis deriva dalla parola TENEZ francese,

Teney pronunciato, che significava 'prendere posizione' o

semplicemente cominciare. La partita è iniziata più di mille anni

fa. E 'stato giocato dai monaci e conosciuto come Jeu de Paume

o palmo della mano. La racchetta è ... avete indovinato ...

il palmo di una mano, e la palla era fatta di legno.

Giocatori poi utilizzato guanti in pelle e un pallone di cuoio, cucito

con tendini e farcito con tutto ciò che è venuto a

mano come la paglia, lana e peli animali o umani!

Queste prime palle non rimbalzano, rendendo il gioco vero e proprio

molto diverso da quello attuale.

Lo sport in via di sviluppo è diventato popolare con nobili

ed è stato giocato come il gioco di corte di tennis reale. Nel 1480,

Luigi XI di Francia proibì il riempimento di palle da tennis con

gesso, sabbia, segatura, o terra e ha dichiarato che erano

essere fatta di buon cuoio, imbottitura in lana. Altro anticipo

palle da tennis sono stati realizzati da artigiani scozzesi da un woolwrapped

stomaco di una pecora o di capra e legato con la corda.

Alcune palle da tennis inglese risalente al 16 ° secolo

sono stati fabbricati da una combinazione di stucco e

capelli umani. Altre versioni 16 ° secolo, fatta di animali

pelliccia, corda fatta da intestini e muscoli di animali, e

pineta sono stati trovati in castelli scozzesi. Nel 18 ° secolo, strisce di lana sono stati avvolti strettamente intorno ad un

un'anima costituita tirando un numero di strisce in una pallina.

String è stato poi legato in molte direzioni sulla palla e

una copertura in stoffa bianca cucita intorno ad esso.

Nei primi anni 1870, il gioco modificato di lawn tennis

sorsero in Gran Bretagna grazie agli sforzi pionieristici di Maggiore

Walter Clopton Wingfield e Harry Gem. Wingfield

set di tennis commercializzati, che comprendeva palline di gomma solide

importati dalla Germania. Questi erano chiaro e grigio o

colore rosso senza copertura. La loro indossa e giocare

proprietà sono state migliorate coprendoli con flanella

cucita intorno al nucleo di gomma. Nel 1882, Wingfield era

pubblicizzare le palle da tennis avvolto in un panno robusto

made in Melton Mowbray, Inghilterra.

La palla è stata ulteriormente sviluppata, rendendo il alveolare,

e, durante la fine del 1920, la pressurizzazione con gas. Questo

il cambiamento ha portato a grandi progressi nel tennis da quando il nuovo

palle rimbalzato più alto e meglio, consentendo scatti più veloci.

Dal 1972, palle da tennis ufficiali sono stati colorati di giallo

per migliorare la visibilità in televisione. Solo Wimbledon

resistito a questa mossa. Hanno continuato a usare la tradizionale

palline bianche fino al 1986.

Ping-Pong SFERE

Il gioco del ping-pong o ping-pong origine da

Gran Bretagna nel corso del 1880 in cui è stato giocato come un dopocena

gioco di società . È stato suggerito che British

ufficiali militari in India o in Sud Africa prima sviluppati

il gioco . Una fila di libri sono stati alzò in piedi lungo il centro

del tavolo come una rete , altri due libri servito come racchette

e un golf-ball è stato colpito da un capo del tavolo per la

all'altro e viceversa . In alternativa , le piastre sono state fatte di

coperchi scatola di sigari e le palle fuori di tappi di champagne . presto

racchette erano spesso pezzi di pergamena allungati su

un frame e suoni generati che hanno dato al gioco la sua

primi soprannomi di wiff - waff e Ping - Pong . Quest'ultimo è stato

ampiamente usato prima produttore del gioco britannico J. Jaques

& Son Ltd. marchio registrato nel 1901. Ping - Pong poi è venuto a

essere limitata al gioco giocato con il piuttosto costoso

Attrezzature Jaques mentre altri produttori chiamati

è tennis da tavolo . Una situazione simile è nata negli Stati

Stati membri in cui Jaques venduto i diritti a società di giocattoli

Parker Brothers .

Le sfere utilizzate nelle prime partite di tennis da tavolo erano

di solito fatta di corda , spago , gomma o sughero . Tuttavia ,

palle di gomma rimbalzato troppo selvaggiamente e palline di sughero rimbalzavano

troppo poco . Una grande innovazione nel gioco è stata fatta da James Gibb , un appassionato di tennis
da tavolo britannica . lui

palle novità scoperte fatte di celluloide , uno dei primi

di plastica , in un viaggio negli Stati Uniti nel 1901 , e li ha trovati per

essere ideale per il gioco . Questo fu seguito da E.C. Goode

che , nel 1901 , inventò la versione moderna della racchetta

fissando un foglio di gomma puntinata alla lama di legno .

Nel 1950, racchette che hanno aggiunto una spugna sottostante

strato cambiato il gioco radicalmente , introducendo una maggiore

rotazione e la velocità . L' uso di colla velocità aumentato lo spin

e velocizzare ancora di più . Nel 2000 , la tabella internazionale

Tennis Federation ha istituito diversi cambiamenti nelle regole ,

esempio, aumentando il diametro delle sfere da 38

mm a 40 mm. Questo cambiamento ha aumentato la resistenza dell'aria

ed efficacemente rallentato il gioco , rendendo più facile

a seguire in televisione . Tuttavia, la mossa ha creato qualche

polemiche. La Nazionale cinese ha sostenuto che

è stato solo lo scopo di dare ai giocatori non cinesi una migliore

possibilità di vincere ! Oggi , ufficiali 40 millimetri palline da ping - pong

pesa 2.7 grammi , sono fatti di un high- rimbalzo aria - riempita

plastica e di colore bianco o arancio . In tempi recenti ,

grande palla da tennis tavolo , che è ancora più lento perché utilizza

una sfera di diametro 44 mm , è diventato anche popolare .

PINWHEELS

Una girandola è un semplice giocattolo del bambino fatto di una ruota di

di carta o di plastica riccioli , attaccato a un bastone al suo asse da un perno . Si tratta di un predecessore whirligigs più complesse ,

popolarmente indicato come whirlygigs , banderuole comici ,

whirlijigs , e molti più nomi altrettanto interessanti .

Il primo inventore della trottola o girandola non è

noto , ma ha una lunga storia che abbraccia il mondo.

Banderuole , che sono strettamente legati alla girandole , erano

prima utilizzato tra il 1800 e il 1600 aC da agricoltori e marinai

in Sumeria . Si ritiene che il primo giocattolo noto whirligig

- La farfalla drago , un propulsore twirling fatta di bambù

e lanciato tirando un bastone era stato inventato in Cina

dal 400 aC . Nel corso del 9 ° secolo , iraniani di sasanide

Empire stavano usando i mulini a vento orizzontali per l'irrigazione ,

rendendo girandole wind-driven tecnicamente possibile . Purtroppo ,

nessuna turbinio di questo periodo è sopravvissuto tranne uno

Bambola stringa di propulsione egiziano dal 100 aC .

Insieme con i mulini a vento a grana di macinazione , girandole e

girandole raggiunto l'Europa nel 1200 . La prima nota

rappresentazione visiva di una girandola europea è contenuta

in un arazzo raffigurante medievale bambini che giocano con un

trottola . Whirligigs a forma di croce divenne

moda nei dipinti dei secoli 15 e 16 , come il dipinto di Hieronymus Bosch , Cristo Bambino con

Camminare un frame , circa 1480-1500 . Shakespeare usato

' trottola ' come una metafora per ' ciò che accade intorno , viene

intorno ' (La dodicesima notte , Atto V - I) :

Feste : E così la giostra del tempo porta nelle sue vendette .

La prima testimonianza registrata di girandole nel Regno

Stati è legato alla George Washington, che , si dice , effettuata

Casa ' whilagigs ' dalla guerra rivoluzionaria . il 1819

pubblicazione da Washington Irving di The Legend of Sleepy

Hollow menziona la trottola come : ' un piccolo guerriero di legno

che , armato con una spada in ogni mano , era più valorosamente

lottare contro il vento sul pinnacolo del fienile . ' Nel 1929 ,

individui stavano facendo una vita da lavorazione girandole come

ornamenti da giardino e animazione per bambini .

Oggi girandole di diverse dimensioni e forme si trovano

in tutto il paese , venduto da giocattoli venduti e anche a

negozi di giocattoli , come giocattoli poco costosi per i bambini . Artisti in

Cina costruire girandole di colori multipli per il cinese

Capodanno . Persone luogo messaggi personali sul esterna

lame di queste girandole per il vento per catturare e diffondere

per l'universo come augurio per l'anno successivo .

SCRABBLE

La storia di Scrabble inizia durante la Grande Depressione ,

intorno al 1931, quando Alfred Mosher Butts , un lavoro out-of-

architetto di Poughkeepsie , New York , ha deciso di

inventare un gioco da tavolo . Analizzando gli altri giochi da tavolo

il mercato , ha trovato che caddero in tre categorie :

giochi di numeri come i dadi e bingo, giochi muovono come

come scacchi e dama , e giochi di parole come anagrammi .

Cercando di creare un gioco che avrebbe utilizzato sia possibilità

e abilità , Butts caratteristiche combinate di anagrammi e

cruciverba . In primo luogo chiamato Lexiko , il suo gioco era tardi

chiamato Criss -Cross Words . Per decidere sulla distribuzione lettera,

Butts studiato la prima pagina dei giornali popolari come

come The New York Times , il New York Herald Tribune e The

Sabato Evening Post , e ha fatto i calcoli scrupolosi di

frequenza lettera . Analisi crittografica Butts ' di inglese

e la sua distribuzione originale di porzioni sono rimaste valide

da allora .

Nel 1938 , Butts avevano completato lo sviluppo di base

Criss -Cross Words . Per più di un decennio, ha ottimizzato

e armeggiato con le regole durante il tentativo - e continuamente

non riuscendo a ottenere uno sponsor aziendale . Anche gli Stati Uniti

Ufficio dei brevetti ha respinto la sua domanda non una ma due volte.

Infine , Butts è stato contattato da James Brunot , un imprenditore -game amante di Newtown ,
Connecticut , che

era uno dei pochi proprietari di uno degli originali Criss -

Attraversare Parole set. Brunot pensato che il gioco dovrebbe

essere commercializzati . Ha comprato i diritti per produrre l'

gioco in cambio della concessione Butts una royalty su ogni

unità venduta. Anche se ha lasciato la maggior parte del gioco (compreso

la distribuzione di lettere) immutato, Brunot leggermente

riorganizzate le piazze 'premium' del consiglio di amministrazione e

semplificato le regole. Egli è venuto su con l'iconica

combinazione di colori - rosa pastello , il bambino blu, indaco e luminoso

rosso e messo a punto il bonus di 50 punti per l'utilizzo di tutti e sette

piastrelle per fare una parola .

Soprattutto, Brunot si avvicinò con il nome di Scrabble

e registrato il marchio Scrabble Crossword Game

nel 1948 . Ha guadagnato popolarità lenta ma costante tra

una manciata comparativa dei consumatori . Poi nel 1952 , come

leggenda, Jack Strauss , che era il presidente della

Magazzini Macy , scoperto il gioco, mentre su

vacanza . Al ritorno al lavoro , fu sorpreso di

scoprire che il suo negozio non ha effettuato e collocato un grande ordine .

Entro un anno, tutti dovevano avere uno, al punto che

Giochi Scrabble venivano razionati nei negozi di tutto il

USA Today Scrabble è diventato uno dei più popolari

giochi da tavolo in tutto il mondo .

MONOPOLY

La storia di Monopoli può essere fatta risalire ai primi anni del

20 ° secolo . Il primo disegno conosciuto era da un

Americano di nome Elizabeth Magie . Nel 1904 , ha brevettato

Gioco del padrone di casa , con un obiettivo -educativo

per dimostrare che gli affitti arricchito i proprietari di immobili e

inquilini poveri . Magie presentato la sua invenzione

per Game Company Parker Brothers intorno al 1910 , ma

rifiutato di pubblicarlo .

Una versione ridotta di gioco di Magie è diventato comune

durante il 1910 come Monopoli asta . Si diffuse per parola

della bocca ed è stato giocato in varie versioni fatte in casa

nel corso degli anni . Magie lei stessa ha brevettato una versione riveduta

che comprendeva i nomi delle strade nel 1924 . Daniel Layman ha iniziato

vendere una versione chiamata l'affascinante gioco delle Finanze ,

più tardi semplicemente Finanza , nel 1932 . Ruth Hoskins imparato la

gioco Layman e sviluppato una nuova scheda con

Nomi delle strade Atlantic City. Questa scheda è stata quella insegnata

Charles E. Todd , un direttore d'albergo a Germantown ,

Pennsylvania. Todd a sua volta ha insegnato Esther Darrow , moglie

di un venditore di riscaldamento domestico da Philadelphia di nome

Charles Darrow .

Dopo aver appreso la partita , Darrow ha cominciato a distribuire stesso come Monopoli. Egli ha inviato a Parker Brothers nel 1934 .

Hanno rifiutato come aver " cinquantadue design essenziale

errori ' , e di essere ' troppo complicato , troppo tecnico, [e]

ha preso troppo tempo per giocare . ' Nel 1935 , tuttavia, la società udito

circa ottime vendite di Monopoli e acquistato i diritti dalla

Darrow . Nello stesso anno sono diventati consapevoli del fatto che Darrow

aveva copiato il gioco da un amico . Poi hanno comprato fuori

1924 brevetto di Magie e il copyright di altre imprese

varianti del gioco , come la finanza, Inflazione , Big Business ,

Il denaro facile , e la fortuna di evitare contestazioni future .

Monopoly è stato commercializzato su larga scala da Parker

Brothers nel 1935 . Hanno cambiato alcune regole , come ad

come l'aggiunta di ' gioco corto ' e regole " limite di tempo " , e sono stati

produzione di 20.000 copie del gioco entro un mese . esso

rapidamente è diventato il più popolare gioco da tavolo in America

e poi il mondo . Quasi 200 milioni di partite Monopoli

sono stati venduti finora .

Lo sapevi?

Durante la seconda guerra mondiale, il servizio segreto britannico creato

una edizione speciale di Monopoly per i prigionieri di guerra detenuti

dai nazisti . Nascosti all'interno di questi giochi erano mappe ,

bussole , soldi veri , e altri oggetti utili per la fuga .

Questi giochi speciali sono stati distribuiti ai prigionieri

gruppi di carità falsi .

FRISBEES

La Frisbie Baking Company è stato avviato in Bridgeport ,

Connecticut da uomo d'affari americano William Russell

Frisbie . Ha venduto torte in padelle di latta luce con Frisbie timbrato

in rilievo sul fondo . Studenti universitari affamati a New

Inghilterra alla fine ha scoperto (forse intorno al 1940), che

il vuoto lattine torta o coperchi di latta cookie potrebbero essere gettati e

catturati , fornendo infinite ore di divertimento ' Frisbie - ing ' .

Nel frattempo , un ispettore edificio di Los Angeles chiamato

Walter Frederick Morrison aveva scoperto un mercato per

il disco volante moderno nel 1938, quando lui e il futuro

moglie Lucile sono stati offerti 25 centesimi per una tortiera che

sono state gettando avanti e indietro a vicenda sulla spiaggia in

Santa Monica , in California . ' Che ha le ruote girare ,

perché si potrebbe acquistare una tortiera per 5 centesimi , e se

persone sulla spiaggia erano disposti a pagare un quarto di esso ,

bene , c'era un business ' , ha detto Morrison nel 2007.

Dopo la seconda guerra mondiale , Morrison abbozzato un progetto per un

aerodinamicamente - migliorato disco volante che ha chiamato il

Whirlo - Way . Nel 1948 , Morrison e la sua compagna Warren

Franscioni inventato una versione in plastica che potrebbe volare più lontano

con molta più accuratezza e la chiamò il Flyin - Saucer .

Dopo ulteriori parametri di progettazione nel 1955 , Morrison ha iniziato a produrre un nuovo disco ,
che ha chiamato il Pluto Platter

di incassare la crescente popolarità degli UFO con il

Pubblico americano . Il Pluto Platter è diventata la base

prototipo di progettazione per tutti frisbee .

Richard Knerr e Arthur K. ' Spud ' Melin sono stati i

proprietari di una società di giocattoli chiamata ' Wham - O' , che hanno

iniziato in un garage di San Gabriel , California, nel 1948 . Essi

Morrison ha convinto a vendere loro i diritti alla sua progettazione

e ha iniziato la produzione di un maggior numero di Pluto Platters nel 1957 .

Knerr anche iniziato la ricerca di un nuovo marchio accattivante

per contribuire ad aumentare le vendite. Ha sentito circa l' uso originale di

« Frisbie ' i termini e ' Frisbie - ing ' da studenti universitari

nel New England e preso in prestito dalle due parole per

creare il Frisbee marchio registrato .

Edward E. ' costante Ed' Headrick era un'altra persona chiave

dietro il successo di frisbee . Era un americano

inventore che ha lavorato per Wham -O . Headrick ridisegnato

Pluto Platter , creando un disco più controllabile che

potrebbe essere gettato con precisione . Le vendite salirono alle stelle e l'

nuovo design divenne la base della maggior parte dei frisbee moderni .

Headrick tardi pioniere Frisbee Freestyle e Frisbee

Golf . Nel 1967 , gli studenti delle scuole superiori in Maplewood , New

Jersey ha inventato lo sport del Ultimate Frisbee . Oggi è

giocato in almeno 42 paesi .

BINGO

La storia del Bingo e giochi simili come Housie ,

Tombola , e Keno può essere fatta risalire al 1530 , ad un staterun

Lotteria italiana chiamato Lo Giuoco del Lotto d'Italia ,

che è ancora giocato ogni Sabato in Italia . da Italia

il gioco è stato introdotto in Francia alla fine del 1770 ,

dove è stato chiamato Le Lotto e ha giocato tra il

ricchi . Questo gioco di bingo lotteria - tipo divenne ben presto una

mania in tutta Europa . I tedeschi anche giocato un

versione del gioco nel 1850 , ma hanno usato come un

aiuto educativo per aiutare gli studenti a imparare l'ortografia , animale

nomi e tabelline .

Quando il gioco ha raggiunto il Nord America nei primi anni 20

secolo , divenne noto come Beano . Era un paese giusto

gioco in cui un commerciante avrebbe selezionare i dischi numerati da una

scatola di sigari e giocatori avrebbero contrassegnare le loro carte con i fagioli .

Hanno urlato beano se hanno vinto . Hugh J. Ward standardizzato

il gioco moderno a carnevali vicino a Pittsburgh ,

Pennsylvania nei primi anni 1920 .

Una sera di dicembre del 1929 , un venditore di giocattoli di New York

di nome Edwin S. Lowe venne su un carnevale paese

nei pressi di Jacksonville, Florida . Tutte le cabine erano carnevale

chiusi tranne uno , che era pieno di gente . L'azione centrata su un tavolo a ferro di cavallo coperto con

fogli di cartone numerati , timbri numerazione gomma,

e fagioli secchi . Il gioco sta giocando era una variazione

di Lotto chiamato Beano , utilizzando le regole di Ward . Lowe ha cercato di

giocare a Beano quella notte, ma , ricorda , ' non ho potuto ottenere un seggio

... I giocatori erano praticamente assuefatti al gioco ' .

Tornando a casa a New York , Lowe ha cominciato a condurre

giochi beano simili a quella che aveva visto . la sua

amici li amavano . Presto stavano giocando Beano con

la stessa tensione e l'eccitazione come aveva visto al

carnevale. Durante una seduta , uno dei vincitori saltarono

up , è diventato muto , e invece di gridare Beano

balbettato B - B - B - BINGO ! Lowe più tardi ha detto che questo era il

momento in cui ha deciso di commercializzare il gioco Bingo .

Bingo è stato un successo immediato e mettere dell'azienda Lowe ad angolo retto in piedi . Il più grande gioco di Bingo nella storia

è stato giocato nel 1930 a New York Teaneck Armory -

60.000 giocatori , con altri 10.000 di essere allontanato a

la porta , e 10 automobili regalati come premi . dal

1940 , giochi di Bingo venivano effettuati tutti gli Stati Uniti

Oggi, più di 90 milioni dollari è speso su Bingo ogni settimana

nel solo Nord America .

AQUILONI

Aquiloni sono stati sviluppati circa 2.800 anni fa

in Cina . Il primo aquilone potrebbe essere stato creato da

Mo Di , un famoso filosofo che si dice di aver fatto

un aquilone a forma di aquila con il legno . Isolani dei mari del Sud

hanno utilizzato anche gli aquiloni per la pesca fin primissimi tempi .

Aquiloni primi sono stati utilizzati per scopi militari pure. per

esempio , intorno al 200 aC generale cinese Han Hsin volò

un aquilone sopra le mura di un castello fortemente protetta e utilizzato

geometria per determinare in quale misura il suo esercito avrebbe dovuto

tunnel per raggiungere oltre le difese .

Aquilone eventualmente diffuse dalla Cina alla Corea e

India . La prima prova di Indian aquilone viene

dalla miniatura dipinti di epoca Mughal . In Thailandia , ogni

monarca avrebbe un aquilone progettato per se stesso .

Ci sono molte teorie su come è stato introdotto l'aquilone

nella società europea . Marco Polo potrebbe aver introdotto

nel tardo 13 ° secolo . In alternativa , marinai

Giappone e Malesia possono inoltre hanno fatto nel 16 °

e 17 ° secolo . Aquiloni erano in ritardo per arrivare in Europa, ma

dai secoli 18 e 19 venivano utilizzati come

veicoli per la ricerca scientifica . Nel 1749 , lo scienziato scozzese

Alexander Wilson e il suo allievo utilizzato un treno di aquiloni per misurare simultaneamente la temperatura dell'aria a vari livelli

dal suolo . Nel 1750 , Benjamin Franklin pubblicò

una proposta per dimostrare che il fulmine è l'elettricità di volare

un aquilone .

Nel 1822 , maestro di scuola inglese e inventore George

Pocock usato un paio di aquiloni su una sola riga 1.500 a 1.800

metri di lunghezza per tirare un carrello che trasporta più passeggeri a

velocità fino a 20 miglia all'ora . Perché pedaggi a

il tempo fosse basata sul numero di cavalli carrozza

utilizzato , Pocock è stata esentata dal pagamento di qualsiasi pedaggio .

Nel 1898 , Guglielmo Marconi fece il primo wireless successo

trasmissione su acqua dall'isola di Flat Holm nel

Canale di Bristol , utilizzando un aquilone per sollevare la sua antenna. Nel 1899 , l'

Fratelli Wright costruirono un piccolo aquilone manovrabile per verificare

le loro idee dell'ala warping in controllo aereo . Questo ha giocato un

ruolo diretto nel loro volo a motore con successo nel 1903 .

Box Man -lifting aquiloni americano Samuel Franklin Cody

sono stati introdotti nel 1901 e sono stati utilizzati dagli inglesi

esercito durante la prima guerra mondiale per sostituire l'osservazione di artiglieria

palloncini. I tedeschi usavano anche questi aquiloni per aumentare il campo visivo della sottomarini -crociera superficie. in

1999 , un team ha usato il potere aquilone per tirare le slitte fino a

il Polo Nord !

pattini a rotelle

Pattinaggio su ghiaccio è stata a lungo un metodo popolare di viaggiare

su congelati canali olandesi in inverno , ma uno sconosciuto olandese

inventore nei primi anni del 18 ° secolo ha voluto pattinare nel

estate . Ha inchiodato bobine di legno per listelli di legno e

li attaccato alle sue scarpe , scoprendo così terraferma

pattinaggio o Skeeling .

Il primo ha registrato inventore roller skate era un belga

di nome John - Joseph Merlin . Nel 1760 , ha dimostrato una

primitiva pattino in linea con le ruote in metallo e persino partecipato

una festa mascherata mentre indossa uno dei suoi nuovi metalwheeled

stivali. Volendo fare una grande entrata , Merlin

laminati in mentre suonare il violino . Tuttavia, egli si è schiantato in

gli specchi a parete di lunghezza che costeggiavano la sala da ballo , causando

gravi lesioni e che lo porta ad abbandonare la sua invenzione .

Il primo brevetto per un disegno pattino è stato emesso in Francia

ad una M. Petitbled nel 1819 . Era fatta di una suola di legno che

attaccato al fondo di uno stivale , munito da due a quattro

rulli in rame , legno o avorio e disposti in una

singola linea retta. Nel 1823 , Robert John Tyers , un frutto -seller a Piccadilly , Londra , brevettò un pattino chiamato Volito ,

descritto come un ' apparato da allegare agli stivali ... per l'

scopo del viaggio o di piacere . ' Questi primi pattini non erano molto maneggevole , ma pattinatori esperti sono stati in grado di

replicare alcune delle loro mosse su di loro . Pattinaggio pubblico Large

piste aperti in diverse città europee 1850.

La svolta roller skate o quad pattino a quattro ruote , fatta

con quattro ruote impostati in due coppie side-by - side , sia prima

progettata nel 1863 , a New York , da inventore americano

James Leonard Plimpton nel tentativo di migliorare

disegni precedenti. Il progetto ha permesso giri più facile e

manovrabilità , inclusa la possibilità di pattinare all'indietro

e fare arresti improvvisi , e questo ha portato al fatto che è un enorme

successo . Come risultato , Plimpton divenne noto come il padre

di pattinaggio moderna .

Pattini a rotelle venivano prodotti in massa in America da

1880 . Nel 1884 , Levant M. Richardson ha ricevuto un brevetto

per l'impiego di cuscinetti a sfere in acciaio rotelle , risultante

in pattini leggeri con attrito ridotto . Il disegno del

quad pattino è rimasto sostanzialmente invariato dopo che

e dominato il settore per più di un secolo .

Infine , pattini in linea con una sola fila di ruote

divenne popolare . Nel 1980 , i fratelli Scott e Brennan

Olson , di Minneapolis , Minnesota iniziato a progettare e

vendita di pattini in linea , chiamati Rollerblades , che hanno fornito un

giro molto regolare , soprattutto all'aperto . Oggi tali pattini dominare il mercato.

TEDDY BEARS

Theodore Roosevelt , meglio conosciuto come Teddy Roosevelt ,

il 26 ° presidente degli Stati Uniti , è la persona

di dare l' orsacchiotto suo nome. Roosevelt

stava aiutando a risolvere una disputa di confine tra gli Stati Uniti

gli stati del Mississippi e della Louisiana . Il 14 novembre 1902,

stava frequentando una caccia all'orso in Mississippi quando alcuni

dei suoi assistenti alle strette , bastonato , legato e un americano

Black Bear di un salice , dopo una lunga , estenuante caccia

con i cani . Roosevelt si rifiutò di sparare all'orso ferito

lo stesso , dicendo che sarebbe antisportivo , ma ordinato

per essere ucciso per metterlo fuori dalla sua miseria . Due giorni dopo , il

Washington Post ha pubblicato un fumetto editoriale da parte del politico

vignettista Clifford K. Berryman chiamato Drawing the Line in

Mississippi che ha mostrato sia la linea controversia stato e l'

sopportare caccia . Il fumetto e la storia che ha detto è diventato popolare

ed entro un anno , il giocattolo orsacchiotto apparso.

Nessuno è veramente sicuro che ha fatto il primo orsacchiotto .

La storia più popolare coinvolge Morris Michtom , che

proprietario di una piccola novità e negozio di dolciumi a Brooklyn , New

York . Un giorno sua moglie Rose ha creato un piccolo orso di peluche

cub da excelsior peluche e rifinito con scarpa nera

gli occhi pulsante . Poco dopo , Michtom sentito parlare

Cartoni animati e di Berryman ha messo l'orso nella sua vetrina per la visualizzazione. Molti clienti hanno poi iniziato a informarsi

acquistarlo. Percependo una opportunità di business , Michtom inviato

uno a Roosevelt , ha ricevuto il permesso di usare il suo nome

e iniziato a vendere Bears di Teddy . I giocattoli erano una

successo immediato . Entro un anno , Michtom fondato il

Ideale novità e Toy Company , che doveva diventare

una delle più grandi aziende di giocattoli al mondo .

Intorno allo stesso tempo in Giengen , in Germania , la Steiff

Azienda ha prodotto un orso farcito da disegni di Richard

Steiff . E 'stato esposto alla Leipzig Toy Fair marzo

1903. Lì, Hermann Berg , un acquirente per un gioco americano

società , ha visto e subito ordinò 3000 da inviare

negli Stati Uniti . I Steiffs poi venduto 12.000 orsi a

Fiera di San Louis mondo nel 1904 e ha ricevuto l'oro

medaglia , la più alta onorificenza della manifestazione . Questo tipo di giocattolo

orso divenne anche associata con storie di Presidente

Roosevelt e divenne noto come Teddy .

Nel 1906 , i produttori di diversi Michtom e Steiff

avevano aderito e la mania per Roosevelt Bears era

tale che le signore li portarono in tutto il mondo , i bambini erano

fotografato con loro , e Roosevelt stava usando uno come

una mascotte nella sua offerta per la rielezione .

TELECAMERE

Macchine fotografiche si basano sulla camera oscura ,

che risale agli antichi cinesi e greci . esso

utilizza un foro stenopeico o lente per proiettare un'immagine capovolta

fuori della scena . Nel 1685 , il tedesco Johann Zahn ha costruito la

prima camera oscura che era piccolo e portatile abbastanza

per essere pratico per la fotografia , oltre 150 anni prima

fotografia era ancora inventata .

E 'stato il francese Joseph Niépce che ha preso il primo

fotografie conosciute , circa 1827. altri inventori

inventati meglio i processi fotografici, dagherrotipi

e calotipi , subito dopo. Ma questi fotografica

I processi erano ancora basati su telecamere simili a Zahn di

Modello del 17 ° secolo . Questi avevano un design scorrevole -box con

la lente posta nel motore anteriore ed una seconda , leggermente

piccola scatola dietro di essa che potrebbe essere spostato per mettere a fuoco .

L'otturatore meccanico è stato inventato nel 1870 , che

consentita per tempi di esposizione più brevi .

Pellicola fotografica , originariamente fatta di carta e successivamente

celluloide , è stato lanciato da americano George Eastman in

1885. Sua prima macchina fotografica di successo , la Kodak , è andato in vendita

nel 1888 . Era una fotocamera semplice e poco costoso scatola con

una lente a fuoco fisso , una sola velocità dell'otturatore , e abbastanza pellicola per 100 esposizioni .
Nel 1900 , Eastman ha lanciato la Brownie ,

una fotocamera ancora più semplice e meno costoso di dialogo che divenne ben presto

molto popolare . Il Brownie abilitato diffusa amatoriale

fotografia come istantanee e cartoline illustrate .

Oskar Barnack , che ha lavorato per l'azienda tedesca Leitz ,

fotocamere compatte inventate che hanno usato piccoli aspetti negativi , come ad

come cinema a livello -35mm . Leitz ha lanciato nel mondo del

prima fotocamera 35 mm , la Leica I, nel 1925 . A single-lens

SLR reflex , fotocamera utilizza il proprio obiettivo in anteprima esattamente

ciò che sarà fotografata . La prima fotocamera reflex che

pellicola da 35 mm è stato utilizzato il Kine Exakta del 1936 .

La Polaroid Modello 95 , la prima fotocamera istantanea al mondo ,

creata da inventore americano Edwin Land e

lanciata nel 1948 . Ha prodotto copie positive finiti

da negativi esposti in meno di un minuto. il

prima poco costoso macchina fotografica Polaroid , il Modello 20 Swinger

lanciato nel 1965 , è stato un grande successo e rimane uno

dei top -seller telecamere di tutti i tempi . Fuji ha introdotto il

sempre popolare macchine fotografiche usa e getta o singoli nel 1986 .

Con l'avvento delle moderne fotocamere digitali , che utilizzano un

sensore di immagine elettronico e la memoria di catturare immagini

invece di fotocamere a pellicola, analogiche o pellicola fotografica hanno

quasi completamente scomparsa dal mercato .

flash per fotocamere

Fotografia con le date di luce artificiale indietro al 1839

quando L. Ibbetson usato la luce ossi- idrogeno , noto anche come ribalta , quando si fotografano oggetti microscopici .

Tuttavia , le immagini risultanti sono stati duramente illuminate e

ha mostrato bianco gesso , facce pallide .

Félix Nadar , fotografo e giornalista francese ,

fotografato le fogne di Parigi usando solo batteryoperated

illuminazione . Ma non è stato fino al 1877 che Henry Van

der Weyde aperto il primo studio usando la luce elettrica in

Londra . Alimentato da una dinamo guidato gas , aveva abbastanza

luce per consentire l'esposizione di soli 2-3 secondi.

La necessità di esposizioni più brevi ha portato all'uso di

magnesio , che è altamente infiammabile e brucia rapidamente

con un flash luminoso di luce . Nel 1864 , fili di magnesio e

nastri erano in vendita . Il metallo è stato bruciato in un orologio

lampade con riflettori . Tuttavia, dato che la masterizzazione è stata spesso

incompleto , esposizioni tendevano a variare considerevolmente . il

metodo era anche pericoloso e rilasciato un sacco di fumo e

cenere . Tuttavia , le lampade di magnesio sono rimasti popolari

attraverso il 1880 .

Nel 1887 , i chimici tedeschi Adolf Miethe e Johannes Gaedicke mescolati a polvere di magnesio bene con potassio

clorato , un ossidante , per produrre Blitzlicht . questo era

il primo flash polvere ampiamente utilizzato. Blitzlicht avuto l'

capacità di produrre fotografie di notte con altissima

otturatore velocità e divenne molto popolare . Tuttavia , l'

combinazione a volte ha portato a esplosioni , che ha causato

alcuni molto gravi incidenti .

Americano Joshua Cohen ha inventato la lampadina del flash nel 1899 .

Ha usato batterie a secco per accendere il flash elettronico

polvere . Nel 1929 , il Vacublitz , la prima vera lampadina flash,

è stato introdotto in Germania dalla Società Hauser . esso

era simile all'invenzione di Cohen , ma bruciato in alluminio

sventare in un bulbo di vetro . Lampade flash erano al sicuro , senza rumore , e

senza fumo . Dal 1930 , sono diventati sincronizzati con

persiane della fotocamera , rendendo la fotografia flash semplice, anche

per i dilettanti. Ogni lampadina potrebbe essere utilizzata una sola volta , in modo da

1960 , le aziende avevano cominciato a confezionare diverse lampadine

in una sola unità , come Kodak flashcube , che ha quattro .

Nel 1931 , Harold 'Doc' Edgerton del MIT ha prodotto il

primo tubo flash elettronico . Lampi elettronici utilizzano un elevato

tensione per generare un arco elettrico attraverso il gas xeno

in un tubo di vetro . Sono economici , ricaricabile, e

loro intensità può essere facilmente controllato . Oggi questi hanno

completamente sostituito lampade flash .

CINTURE DI SICUREZZA

Uno dei primi esempi di utilizzo di cinture di sicurezza accaduto

nel corso del 19 ° secolo quando il famoso inglese

ingegnere e aviatore Sir George Cayley ha inventato un tipo di

di cintura di sicurezza per l'uso in suo aliante . Anche se Edward J.

Claghorn di New York ha ricevuto il primo brevetto cintura di sicurezza in

1885 , la sua invenzione è stata pensata per essere utilizzata da pittori e

vigili del fuoco , non passeggeri di automobili . Nel 1911 , americano

aviatore Benjamin Foulois progettato una cintura per il sedile

della sua Wright Flyer Signal Corps 1 aeromobile . Lui voleva che

tenerlo saldamente al suo posto in modo da poter controllare meglio il suo

aeromobili sui campi grezzi utilizzati per il decollo e l'atterraggio .

Tuttavia , non è stato fino alla seconda guerra mondiale che le cinture di sicurezza

divenne standard in aerei militari .

Nel corso del 1930 , alcuni medici americani dotati

le proprie auto con due punti " cinture addominali " e ha iniziato esortando

i produttori per offrire loro in tutte le automobili nuove , ma con poco

successo . Nel 1954 , tuttavia, la Sports Car Club of America ,

cinture di sicurezza addominali ora NASCAR , reso obbligatorio per tutti i conducenti

durante le gare automobilistiche . L'anno successivo , il Dott. C. Hunter Shelden

di Pasadena , in California , ha proposto non solo la scomparsa

cintura di sicurezza, ma anche volanti incasso , rinforzato

tetti, roll bar , serrature e vincoli passivi come

airbag per migliorare la sicurezza automobilistica . Vari medici , polizia e associazioni del settore auto in tutto il mondo anche

ha iniziato sostenendo cinture di sicurezza intorno a questo tempo. auto americana

produttori di Nash (1949) , Ford (1955) e Chrysler (1956)

ha iniziato ad offrire le cinture di sicurezza come opzioni , mentre la svedese Saab

introdotto cinture di sicurezza addominali come standard nel 1958. Numerosi Ford

annunci di periodo prominente nuovo

Caratteristiche , tra cui la sicurezza del bagnino cinture di sicurezza .

Il moderno tre punti ' giro e la spalla ' cintura di sicurezza usato

nella maggior parte dei veicoli di consumo di oggi è stato brevettato nel 1955 da

gli americani Roger Griswold e Hugh DeHaven . questo

modello è stato ulteriormente migliorato da inventore svedese

Nils Bohlin per la casa automobilistica svedese Volvo , che

introdotto di serie nel 1959. Oltre

alla progettazione della cintura a tre punti , Bohlin dimostrato la sua

efficacia in uno studio su 28.000 incidenti in Svezia . in

1962, è stato concesso un brevetto statunitense per il dispositivo . tali nastri

è diventato un dispositivo standard di sicurezza nella maggior parte delle vetture da 1970 .

Nel 1963 , il Congresso americano ha approvato una legge che richiede

tutte le automobili per conformarsi a determinati standard di sicurezza .

Prima legge cintura di sicurezza del mondo è stato messo in atto nel 1970 ,

nello stato di Victoria, in Australia , il che rende obbligatoria

per conducenti e passeggeri anteriori . Oggi , la maggior parte delle parti

del mondo hanno tali leggi . Nel 2002 , Volvo ha stimato che

la cintura di sicurezza aveva già salvato oltre un milione di vite .

tergicristalli

L'inventore Mary Anderson di Birmingham , Alabama

è accreditato con l'elaborazione del primo parabrezza operativo

tergicristallo nel 1903 . Su un congelamento , umido giorno d'inverno intorno al

anno 1900 , Anderson stava guidando un tram in visita a

New York quando ha notato che il conducente potrebbe

a malapena a vedere attraverso il suo nevischio incrostato parabrezza anteriore .

Finestra anteriore del carrello è stato diviso in parti in modo che la

driver potrebbe aprirla , spostando la neve o pioggia coperto

sezione dal suo campo visivo , ma questo sistema ha funzionato

molto male . E ' esposto volto scoperto del conducente , non

parlare di tutti i passeggeri seduti verso la parte anteriore ,

alle intemperie e non migliorare la sua capacità di vedere

dove stava andando , in ogni caso.

Anderson ha cominciato a delineare il suo dispositivo tergicristallo proprio lì

sul tram . Dopo una serie di false partenze , è venuta

con un prototipo che funzionava - una serie di bracci

che erano di legno e gomma e collegato a un

leva vicino al volante di parte dei piloti . quando

il conducente ha tirato la leva , si trascinò la molla caricata

braccio attraverso la finestra e viceversa , ripulendo

gocce di pioggia, fiocchi di neve, o altri detriti .

Anderson aveva un modello della sua progettazione fabbricati e poi depositato una domanda di brevetto , US 743.801 , che era

emesso in data 10 novembre 1903 . Nel suo brevetto , Anderson

chiamato la sua invenzione, un dispositivo di pulizia finestra per elettrico

automobili e altri veicoli . Ha poi tentato di interesse

aziende nel produrre il dispositivo . Purtroppo ,

persone beffe sua invenzione , dicendo che i tergicristalli '

movimento sarebbe distrarre il guidatore e causare incidenti ,

e il brevetto è scaduto alla fine .

Americano John R. Oishei formato il Tri -Continental

Corporation nel 1917 , che ha introdotto il primo parabrezza tergicristallo , pioggia di gomma , per la lama, parabrezza in due pezzi

trovato su molte delle automobili del tempo . queste

primi tergicristalli meccanici hanno dovuto essere operato

a mano . Il conducente o il passeggero dovuto lavorare

manovella per rendere i tergicristalli vanno avanti e indietro !

Inventor William M. Folberth domanda per un brevetto per un

tergicristallo apparato tergicristallo automatico nel 1919, che era

concesse nel 1922 . I tergicristalli sono stati alimentati da un motore ad aria ,

un dispositivo collegato tramite un tubo al tubo di ingresso della macchina di

motore . Il nuovo sistema alimentato a vuoto è diventato rapidamente

equipaggiamento di serie sulle automobili , ed era in uso fino

1960 circa . tergicristalli elettrici moderni , fissato alla parte superiore della

il parabrezza , sono stati creati da Bosch già nel 1926, ma

originariamente riservato solo per i modelli di lusso .

CARTE DI CREDITO

Nel 1730 , Christopher Thompson , un mobile inglese

commerciante , ha creato la prima pubblicazione di nota per il credito

offrendo mobili che potevano essere pagato settimanalmente. la sua

idea è stata ripresa e utilizzata fino agli inizi del 20 ° secolo da

tallymen . Tallymen venduto i vestiti che i clienti potrebbero pagare per

nei piccoli pagamenti settimanali . Hanno tenuto un conteggio di ciò che la gente

aveva acquistato su bastoni di legno contrassegnate con tacche .

Durante la fine del 1800 , i commercianti di routine scambiati merci a credito , con monete di credito e piastre di carica che agiscono

come valuta . All'inizio del 1900 , le compagnie petrolifere americane

e grandi magazzini hanno iniziato ad emettere carte proprietarie

che sono stati accettati solo le proprie aziende. questo

sistema del credito ha fatto un passo in avanti nel 1914 , quando Occidentale

Unione ha dato alcuni dei loro clienti abituali metallo soldi ,

una scheda di metallo che potrebbe essere utilizzato per dilazioni senza interessi

sui loro pagamenti . Altri settori come il petrolio ,

telefoni, ferrovie e compagnie aeree ha iniziato ad offrire simili

carte per il pubblico nel corso del 1930 .

Gli Stati Uniti hanno vietato tutte le carte di credito e di debito durante

Seconda Guerra Mondiale. Tuttavia, l'azienda ha iniziato in pieno boom

di nuovo non appena la guerra era finita . La prima carta di credito,

chiamato Charg -It , è stato introdotto nel 1946 da John Biggins , un banchiere a Brooklyn , New York. Gli acquisti possono essere solo

produzione locale e titolari di carta doveva avere un account su

Banca Biggins ' .

Nel 1949 , un uomo di nome Frank McNamara ha avuto un business

cena in un ristorante di New York , ma ha dimenticato di portare il suo

portafoglio. L'esperienza lo convinse della necessità di un

alternativa al contante . L'anno successivo McNamara e la sua compagna

ha lanciato una piccola scheda di cartone chiamato Diners Club card.

Utilizzato principalmente per i viaggi e l'intrattenimento , è stata la prima

vera carta di credito. Tuttavia, la legge doveva ancora essere completamente

pagato ogni mese . Nel 1958 , American Express ha lanciato il suo

propria carta di credito per competere con Diners Club .

La prima carta di credito revolving , è stata emessa dalla Banca d'

America nel 1958. L' BankAmericard stato il primo a offerta

opzioni di pagamento titolari di carta ; non avevano più pagare

tutta la loro bolletta ogni mese.

Nel 1966 , un gruppo di banche americane si sono uniti per

creare il InterBank Card Association (ICA) , ora conosciuto come

MasterCard , per il rilascio di carte e l'elaborazione delle transazioni .

Bank of America ha istituito il Servizio di BankAmerica

Corporation , ora conosciuto come VISA , quello stesso anno . oggi

VISA e MasterCard sono leader carta di credito del mondo

associazioni.

Messaggi di testo (SMS)

Oggi 3,6 miliardi di persone o 78 per cento di tutti i telefoni cellulari

abbonati utilizzano SMS , noto anche come messaggi di testo .

Tuttavia, è stato un successo accidentale che ha avuto quasi

tutti nel settore della telefonia mobile di sorpresa. la storia

inizia nei primi anni 1980 , durante il processo di creazione

la Global System for Mobile Communications (GSM) .

Matti Makkonen , un ingegnere finlandese , ha proposto un precoce

Concetto SMS durante lo sviluppo del GSM . La sua idea

era un sistema di messaggistica molto semplice che funzionerebbe

anche quando il dispositivo di ricezione è stato spento o

fuori della sua area di copertura . Il concetto è stato ulteriormente SMS sviluppato nell'ambito della collaborazione GSM franco-tedesco

nel 1984 da Friedhelm Hillebrand e Bernard Ghillebaert .

La loro idea chiave era di riutilizzare la rete GSM , che era

ottimizzato per le chiamate vocali , per il trasporto di messaggi di testo

durante intervalli cosiddetti segnalazione che sono stati necessari per

controllare il traffico voce . Tale utilizzo ha permesso di inutilizzata

risorse di sistema a costi minimi.

Nel 1992 , Neil Papworth del Gruppo Sema stato il primo a

inviare un messaggio SMS , utilizzando un computer sulla Vodafone

Rete GSM nel Regno Unito. Il messaggio era 'Buon

Christmas ', inviato a Richard Jarvis di Vodafone , che stava usando il primo disponibile GSM portatile , il Orbitel 901 .

I primi servizi SMS informato gli utenti circa voice mail

messaggi. Fornitori di cellulari non hanno pensato che la gente

vorrebbe scambiarsi messaggi di testo , perché

essi hanno visualizzato ancora come un tipo di paginazione . Servizi di cercapersone ,

in cui un operatore umano in un centro di assistenza composta

e inviati messaggi chiamati in dai consumatori , era stata

intorno per qualche tempo . Il primo servizio SMS di commercio

venduto ai consumatori era una messaggistica di testo da persona a persona

servizio Radiolinja in Finlandia nel 1993 .

La crescita SMS iniziale era lento, con i clienti GSM nel 1995

invio in media solo 0,4 messaggi per cliente

al mese. Un fattore di lenta adozione di SMS era

che gli operatori erano lenti di istituire sistemi di tariffazione ,

soprattutto per gli abbonati prepagate , e per eliminare la fatturazione frode . Anche le reti nel Regno Unito ammessi solo i clienti

per inviare messaggi ad altri utenti sulla stessa rete .

Questa restrizione è stata revocata nel 1999.

Entro la fine del 2000, il numero medio di messaggi

raggiunto il 35 per utente al mese e il giorno di Natale in

2006 oltre 205 milioni di messaggi sono stati inviati nel solo Regno Unito .

Nel 2010 , 6.100 miliardi di messaggi sono stati inviati in tutto il mondo , che

si traduce in 193.000 messaggi al secondo .

Seggiolini auto SICUREZZA

Seggiolini auto, di cui anche seggiolini di sicurezza come infantili , sono

sedili che sono appositamente progettati per proteggere i bambini da

morte o lesioni durante le collisioni automobilistiche . veicolo

incidenti sono tra i principali killer dei bambini e

la maggior parte degli incidenti mortali accade perché i bambini non sono

fissato nel giusto tipo di seggiolino auto . La prima volta nel

1898 , seggiolini per primi erano poco più di borse con una

coulisse che potrebbe essere collegato al sedile dell'auto . erano

solo scopo di tenere i bambini di alzarsi o cadere

dalle loro sedi quando una macchina era in sicurezza motion- bambini

non era davvero una priorità. Da allora , molte modifiche

e le regolazioni sono state implementate per proteggere coloro

tale unità e giro in automobili , comprese le restrizioni

per proteggere adulti e bambini .

Nel 1962 , Leonard Rivkin , co -proprietario di Guys and Dolls , un

bambini giocattolo e negozio di mobili a Denver , Colorado,

si avvicinò con un progetto per il primo seggiolino auto per la protezione

un bambino . A quel tempo, i sedili anteriori sono stati progettati per capovolgere

in avanti , così , in un incidente , i bambini potrebbero essere catapultati nel

parabrezza . Metallo telaio del sedile auto di Rivkin è stata progettata

per rimanere sul posto impedendo il sedile del passeggero da

flipping . Inventore britannico Jean Ames anche inventato un bambino precoce

Sedia di sicurezza nel 1962 . La progettazione Ames aveva cinghie che

tenuto la seduta imbottita contro il sedile passeggero posteriore .

All'interno della sede , il bambino è trattenuto da una forma di Y

cablaggio che infila sopra la testa e le spalle e

è stato fissato tra le sue gambe.

Alla fine degli anni '60 , svedese auto- designer hanno sviluppato il primo

posteriore-rivestimento seggiolino per bambini progettato per prevenire un bambino

da essere stato ferito in un incidente d'auto . Esso si basa su

l' idea di corsa verso il basso , cioè , minimizzando accelerazione relativa

al veicolo durante un incidente . Il suo design sono voluti diversi anni

e numerosi test , ma alla fine , avevano sviluppato

una delle caratteristiche più importanti di sicurezza che si aggiungono ai

automobili. Tuttavia, durante questo periodo , solo i più

genitori consapevoli di sicurezza hanno comprato seggiolini per bambini.

Nel 1970 , a fronte di un dispositivo di sicurezza che lavora per

bambini, ma non essere in grado di convincere il pubblico che

sono stati un accessorio necessario per la cura dei bambini , c'era un massiccia spinta per educare il pubblico sui sedili di sicurezza e la

minacce legate ai bambini dai cinture addominali convenzionali.

Tennessee fu il primo stato americano ad approvare leggi che richiedono

l'uso dei seggiolini di sicurezza per i bambini . tra il 1978

e il 1985 , ogni singolo stato degli Stati Uniti seguirono l'esempio. oggi ,

la maggior parte dei paesi hanno leggi simili .

thermos

La beuta da vuoto , noto anche come un vaso Dewar , Dewar

bottiglia , o thermos , è stato inventato dal fisico scozzese

e chimico Sir James Dewar nel 1892. invenzione di Dewar

è stata principalmente destinata a preservare gas liquefatti , come

azoto liquido e idrogeno , impedendo il trasferimento

di calore dall'ambiente circostante . Si compone di due palloni ,

posti l'uno dentro l'altro e collegato all'uscita collo . il

divario tra le due palloni conteneva un vicino vuoto che

impedito il trasferimento di calore per conduzione o convezione ,

e le loro superfici avevano rivestimenti riflettenti per prevenire calore

il trasferimento tramite radiazioni. Le prime bottiglie isolanti commerciali

sono state fatte nel 1904 , quando una società tedesca , Thermos

GmbH , è stata fondata da due soffiatori di vetro . Hanno tenuto un giornale concorso per nominare il loro prodotto e un residente

di Monaco di Baviera ha presentato ' thermos ' , che è venuto dal

Parola greca che significa Therme ' calore ' . Dewar non è riuscito a

registrazione di un brevetto per la sua invenzione ed è stato successivamente brevettato

da Thermos al quale Dewar ha perso una causa .

Nel 1907 , Thermos GmbH ha venduto il marchio Thermos

diritti a tre società indipendenti. hanno sviluppato

le boccette di vuoto che sono state prese su molti famosi

spedizioni , tra cui il viaggio di Ernest Shackleton al

Antartide , il viaggio di Robert Peary per l'Artico nel 1909 , e safari africano del presidente americano Theodore Roosevelt

nel 1909 . Divenne anche nell'aria quando i fratelli Wright

portò in loro aerei e il conte Ferdinand von

Zeppelin nei suoi dirigibili .

Nel 1911 , è stato introdotto il primo riempitivo di vetro fatto a macchina

per i termos e la loro popolarità crebbe rapidamente .

Fisico americano William Stanley Jr. inventato il Allsteel

bottiglia di vuoto nel 1913 e ha iniziato una società denominata

Stanley che rimane uno dei marchi più popolari

thermos sul mercato. Durante la seconda guerra mondiale , nel corso

10.000 Thermos o Stanley thermos uscì con

Alleati equipaggi dei bombardieri su ogni grande incursione .

Thermos rimane un marchio registrato in alcuni paesi

ma è stato dichiarato un marchio generalizzato negli Stati Uniti nel

1963 è diventato sinonimo di thermos in

generale . Questo è un esempio di ' erosione marchio ' , che succede quando un marchio diventa così comune che inizia

essere usato come un nome comune e la società originale

non riesce ad impedire tale uso . In questo caso , la parola non può essere

registrato più. Esempi americani includono Aqua -lung

(Divers US) , Aspirina (Bayer AG) , Scala mobile (Otis Elevator

Company) , eroina (Bayer AG) , cherosene (Abraham Gesner) ,

Vite Phillips (Henry F. Phillips) , Yo -Yo (Duncan Yo-

Yo Company) , e Zipper (B.F. Goodrich) .

PARACADUTE

La prima evidenza di un paracadute compare in un manoscritto

dal 1470 Italia . Leonardo da Vinci tracciò una più

design sofisticato intorno al 1485 . La fattibilità della sua

il design è stato verificato nel 2000 dall'inglese Adrian Nicholas .

Tuttavia , il paracadute moderno non è stato inventato fino alla

tardo 18 ° secolo da Louis- Sébastien Lenormand in Francia ,

che ha fatto il suo primo salto pubblica nel 1783 . Due anni più tardi,

coniato la parola paracadute , significato , ' ciò che protegge

contro una caduta . ' Nel 1802 , André- Jacques Garnerin attraversato il

Manica su un pallone a idrogeno e ha dimostrato

il palloncino e una discesa paracadute a Londra .

Polacco balloonist aria calda Jordaki Puparento è stato il primo di essere salvato da un paracadute dopo la sua mongolfiera ha preso fuoco

nel 1808 . Nel 1837 , l'artista inglese Robert armamento divenne

la prima persona a morire per un incidente di paracadute . Nel 1887 ,

Americano aeronauta e pioniere dell'aviazione Maggiore Thomas

S. Baldwin ha inventato il primo imbracatura paracadute .

Nel 1911 , Grant Morton fece il primo lancio con il paracadute

da un aereo su Venice Beach , California . Nel 1912 ,

Inventore russo Gleb Kotelnikov dimostrato la

frenata , o drogue paracadute decelerando un russo-

Balt automobile che viaggiava a tutta velocità . Ha inoltre sviluppato il primo paracadute bisaccia .

Štefan Banič creato il primo paracadute militare in

1914 , che ha contribuito a salvare molti aviatori US Air Force

durante la prima guerra mondiale Thomas Orde - Lees , noto come il

Mad Maggiore, ha dimostrato che i paracadute potrebbero essere utilizzati

successo da un'altezza ridotta . Nel 1916 , Solomon Lee Van

Zaino stile s ' Meter Jr. Aviatory Salvagente ha aggiunto un fondamentale

meccanismo lo sgancio rapido ripcord - permettendo caduta

aviatori per espandere la vela solo dopo che era sicuro . tutto

paracadute moderni hanno una ripcord .

Cominciando con l'Italia nel 1927, diversi paesi

sperimentato con l'utilizzo di paracadute a cadere soldati

dietro le linee nemiche . Operazione Market Garden , condotto

dagli alleati durante la Seconda Guerra Mondiale nel 1944 , è considerato

la più grande operazione militare mai in volo .

Nel 1937 , gli aerei sovietici nella regione artica sono stati i primi a utilizzare paracadute scivolo trascina per fornire il supporto per polare

spedizioni come la prima stazione di ghiaccio alla deriva con equipaggio

North Pole - 1 . Questi scivoli permesso piani a terra

sicuro su piccoli banchi di ghiaccio . Lo sviluppo del nuovo sport

paracadute iniziato nei primi anni 1960 . Entro la fine del 1970 ,

parafoils , che cerca come ali e può essere guidato come

aeromobili , stavano diventando popolare .

LAMPIONI

La necessità di illuminazione pubblica risale all'antica

volte. Intorno al 50 aC, i Romani sfruttavano grande

lampade a olio metallici con uno stoppino fibrosa e un serbatoio di

olio vegetale . La parola latina laternarius cui un

schiavo responsabile per illuminare queste lampade . questo compito

continuato ad essere eseguita da persone speciali durante l'

Medioevo quando i cosiddetti link di ragazzi scortati persone

attraverso torbida e tortuose .

Nel 1417 , Sir Henry Barton , sindaco di Londra , ordinato

« lanterne con le luci da appendere sul inverno

serate tra Hallowtide e Candlemasse , ' cioè ,

tra il 1 novembre e il 2 . By 1716 , tutte le case in Inghilterra

di fronte a una strada o vicolo erano tenuti a frequentare uno o più luci 06:00-11:00 o faccia multe .

I lampioni - combustione di gas primi furono costruite nel

Impero arabo , soprattutto a Córdoba , Spagna , intorno al 1000

AD . E 'stato l'ingegnere e inventore scozzese William

Murdoch che per primo ha disegnato gaslights pratiche in

primi 1790 . Inizialmente queste lampade utilizzate solo gas di carbone . in

1802, Murdoch ha condotto una manifestazione pubblica di illuminazione a gas

che stupito e intimorito la popolazione locale . ma

Inventore e uomo d'affari tedesco Friedrich Albrecht Winzer stata la prima persona a brevettare l'illuminazione di carbone - gas

nel 1804 . Nel 1807 , ha installato lampioni sulla Pall di Londra

Mall. Dopo di che , l'illuminazione a gas si diffuse rapidamente in tutto il

mondo industrializzato .

Nel 1857 , gli ingegneri francesi Lacassagne e Thiers installati

illuminazione elettrica su La Rue Impériale a Lione , in Francia ,

che divenne la prima strada ad essere illuminata da una stabile

impianto elettrico . Arco lampioni elettrici prime utilizzate

lampade, che era stato inventato dal chimico britannico Sir

Humphry Davy nel 19 ° secolo . tali lampade

Parigi ha guadagnato il suo soprannome di ' città delle luci ' .

Ma questo non significa la fine della gaslights . Nel 1885 ,

Scienziato austriaco e inventore Carl Auer von Welsbach

brevettato il manto gas . Esso ha generato un brillante intenso

luce ed era popolare per diversi decenni .

Lampade ad arco passati fuori uso per l'illuminazione stradale al

fine del 19 ° secolo . Essi sono stati sostituiti da buon mercato , lampadine a incandescenza affidabili , e luminose, che

dominato illuminazione stradale per molti anni. l' alta pressione

sodio (HPS) lampada a vapori è oggi dominante

perché è a basso consumo energetico e la maggior parte dei colori presentarsi

bene in esso . Queste lampade funzionano quando una corrente elettrica

passa attraverso un gas ionizzato (plasma) di atomi di sodio

per generare luce .

GIUBBOTTI DI SALVATAGGIO

Giubbotti di salvataggio sono noti anche come dispositivi di galleggiamento personale

(PFD) , di salvataggio , Mae Wests , giubbotti di salvataggio , risparmiatori vita ,

giacche sughero, aiuti al galleggiamento , e tute di galleggiamento . il più

antichi giubbotti di salvataggio sono state fatte da pelle di animale gonfiata

vesciche o cava , zucche sigillati .

Intorno al 870 aC , l'esercito del re assiro Ashurnasirpal usato

pelli di animali gonfiabili per attraversare un fossato . Questo incidente è stato

documentata in una scultura in pietra che è ora visibile al

British Museum , Londra . Un inglese di nome Dr. John

Wilkinson ha brevettato un giubbotto di salvataggio di sughero nel 1765. Nel suo libro

intitolato Conservazione del Seaman dal naufragio , malattie , e

Altre calamità Incidente a Mariners , Wilkinson ha descritto

i benefici dei suoi sughero di salvataggio . Ma tali PFDs erano

Non rilasciato ai marinai della marina fino al 19 ° secolo .

La prima decisione grave per la fabbricazione di giubbotti di salvataggio in

quantitativo è stato realizzato nel 1851 dopo la morte di 20 su

24 piloti sul fiume Tyne nel Regno Unito, quando la loro barca

capovolta . Dopo la tragedia , il capitano John Ross

Ward , un ispettore Royal National Lifeboat Institution

nel Regno Unito , ha progettato il primo vita moderna

giacca. Il suo design è stato riempito con sughero e aveva 24 £

di galleggiabilità . Il disegno era così popolare che è rimasto in servizio anche dopo la seconda guerra mondiale , un secolo più tardi!

Nel 1852 , gli Stati Uniti è diventato il primo paese a richiedere la vita

giacche per ogni passeggero a bordo di navi mercantili .

Altri paesi hanno seguito il vestito da 1890 . celle stagne

riempito con kapok , i capelli soffici seme dell'albero Bombax ,

infine sostituito il materiale di sughero nei giubbotti di salvataggio originali.

Un altro materiale galleggiante utilizzato è legno di balsa . vario

schiume sintetiche hanno sostituito entrambi questi materiali .

Tutti i giubbotti di salvataggio primi erano naturalmente vivace e ha fatto non

bisogno di inflazione . Nel 1928 , americano Peter Markus of Kansas

City, Missouri , ha inventato il primo salvagente gonfiabile ,

comunemente noto come Mae West . Era popolare con

Aviatori alleati durante la seconda guerra mondiale . Sono stati emessi

Mae Wests come parte della loro attrezzatura di volo .

Un problema serio con i disegni iniziali giubbotto di salvataggio era che

non erano auto- raddrizzante . Molto spesso le persone che indossano

li avrebbero cadono , faccia terra in giù , e se fossero

inconscio, annegare . La ricerca per migliorare la progettazione è stata condotto nel Regno Unito dal professor Edgar A. Pask e ha portato

all'Ammiragliato modello 1952 5580 gonfiabile , autoraddrizzante

giacca- una vita meraviglia di semplicità di design , prestazioni ,

e durata. Questo disegno è stato copiato tutto il

mondo ed è ancora oggi in servizio .

acqua imbottigliata

Acqua e la primavera Originariamente minerale erano i più

tipi popolari di acqua in bottiglia . Molte persone credevano che

acqua minerale aveva effetti medicinali e che l'acqua di primavera

era particolarmente puro perché era appena uscito dalla

terra e non erano stati utilizzati . Molti molle famosi anche

produrre naturalmente gassata , frizzante , l'acqua come Vichy

Catalano , Ferrarelle , Wattwiller , Apollinare , e Perrier . il

a sud ovest della città tedesca di Niederselters , contenente una

come la primavera , è l'omonimo di Selters acqua o seltz .

E 'stato il francese che per primo ha cercato di sfruttare commercialmente

fonti d'acqua naturali con Evian , dal nome della città

di Evian - les - Bains . Un bagno termale è stato inaugurato nelle vicinanze in

1821, alla sorgente Cachat vicino al lago di Ginevra . Vendita del

acqua stessa è iniziata nel 1829 ed è stato inizialmente confezionato in

contenitori di terracotta . Johann Jacob Schweppe , che

sviluppato un processo per la fabbricazione di minerale gassata acqua , ha fondato l' inglese Beverage Company Schweppes

a Ginevra . Schweppes è stato il primo ad introdurre in bottiglia

acqua in Europa e utilizzato la Grande Esposizione del 1851

a Londra come una opportunità di marketing davvero unica . il

acqua che la società imbottigliato venuto dal famoso

Primavera Malvern in Inghilterra . Nel 1845 , la famiglia Ricker del Maine ha iniziato a imbottigliare e vendere

acqua da una fonte non identificata . La loro piccola operazione

rapidamente cresciuto come capitalizzati sulla molla del presunto

proprietà medicinali e alla fine è diventato famoso

Poland Springs società idrica , che esiste ancora .

Mentre in marcia a Roma nel 218 aC , Annibale aveva usato il

Primavera Perrier nel sud della Francia . Nel 1888 , i francesi

L'imperatore Napoleone III ha venduto i diritti alla primavera per un Dr.

Louis Perrier e un contadino locale. L' idea di commercializzazione del

acqua naturalmente gassata di primavera era il frutto

di inglese aristocratico San Giovanni Harmsworth . Ha acquistato

la molla dal Dr. Perrier e anche chiamato il finito

prodotto dietro per fornire un senso di autorità medica .

C'era poca crescita l'acqua in bottiglia naturale

industria durante la prima parte del 20 ° secolo . il

società di imbottigliamento formarono il proprio gruppo di pressione in

1950 al fine di promuovere il loro prodotto , ma le vendite sono cresciute molto

dapprima lentamente . Anche in questo caso Evian ha preso il comando nel 1950 da

vendendo le sue acque con l'affermazione potente , ' per aiutare l'allattamento

madri e [fornire] minerali importanti per i bambini ' .

Da allora il paesaggio acqua in bottiglia ha ampliato

tremendamente . Ora ci sono centinaia di aziende

e migliaia di marche di acqua in bottiglia e la loro

vendite mondiali sono in miliardi di dollari .

CARTOLINE

La cartolina prime note era un dipinto a mano

disegnare su una scheda . E 'stata una caricatura dei lavoratori nel post

ufficio ed è stato pubblicato a Londra dallo scrittore , compositore

e ben noto burlone , Theodore Hook , nel 1840 ,

muniti di un penny nero timbro .

Fu nel 1861 che John P. Charlton di Filadelfia ,

USA , ha progettato la prima scheda prodotto commercialmente .

Ha brevettato il suo progetto , ma ha venduto i diritti di Imene L.

Lipman , che ribattezzò carta postale di Lipman . la scheda

è stata venduta con un bordo decorato . Tuttavia , mag

13 , 1873, il governo statunitense vietava emesso privatamente

cartoline. Postmaster John Creswell introdotto il

prime cartoline penny pre- stampati ufficiali in quello stesso anno .

L'idea per la cartolina postale ufficiale rilasciato in Europa

è stato accreditato al funzionario postale tedesco Dr. Heinrich

von Stephan nel 1865 . , ma temendo la perdita di reddito postale ,

il piano non è stato eseguito in Germania settentrionale fino a luglio

1870. Dr. Emanuel Herrmann ha suggerito un'idea simile

al governo austro-ungarico . Questo è stato rapidamente

approvato e la prima carta è stata emessa nell'ottobre

1st , 1869 . Accompagnato con un timbro impresso , questo

cartoline governativo è stato chiamato un Corresponendz

Karte o corrispondenza card. La prima nota cartolina stampata , con un'immagine

da un lato , è stato creato in Francia nel 1870. C'era

spazio per Stamp e nessuna prova che fossero

mai pubblicato senza busta . La prima pubblicità

carta apparsa nel 1872 in Gran Bretagna . l'Universal

Unione Postale è stata costituita nello stesso anno e sostituita

singoli trattati fra le nazioni con una serie accettata

di regolamenti coerenti in materia di posta elettronica internazionale.

L'accordo ha permesso cartoline emesso dal governo

da inviare internazionale dall'inizio del 1875 .

Carte risultati immagini sono aumentati di numero durante la

1880 . Le immagini della Torre Eiffel di recente costruzione nel 1889 e

1890 ha dato impulso alla cartolina , che porta alla cosiddetta

età d'oro della cartolina negli anni successivi

metà degli anni 1890. Nel luglio 1879 , l'Ufficio Postale di India ha introdotto

1/4 di anna cartolina . Questa è stata seguita da cartoline che

erano destinate specificamente per uso governativo nel mese di aprile 1880

e dalle carte risposta postali nel 1890. Cartoline rimangono ancora

popolare in India e all'estero .

Lo sapevi?

Lo studio e la raccolta di cartoline è definito deltiology .

Si è pensato per essere il terzo più grande hobby, da collezione in

mondo , superato solo da monete e filatelia .

FILO SPINATO

È stato proposto per la prima Scherma composto da filo piatto e sottile

nel 1860 in Francia da Leonce Eugene Grassin - Baledans .

Il suo progetto era irto punti creazione di una recinzione che

era doloroso per attraversare . Numerosi brevetti seguite, ma

nessuno di questi fili è stato mai prodotto commercialmente .

Nel 1868 , un fabbro di nome Michael Kelly di New

York è stato concesso un brevetto per la scherma specificamente per

dissuadere gli animali. Le prime recinzioni di filo consistevano solo

di una sezione di filo , che è stato frequentemente interrotto da

il peso di bovini premendo contro di esso. Kelly ha fatto un

miglioramento significativo intrecciando due fili insieme .

Conosciuto come il recinto spinoso , design a doppio filamento di Kelly

è stato il primo filo spinato successo .

Joseph F. Glidden , un agricoltore americano , è spesso accreditato

per la progettazione del primo spinato successo commerciale

filo . L'idea di Glidden proveniva da un display ad una fiera in

DeKalb , Illinois , nel 1873 . Lì vide un recinto di legno

con sporgenze filo intese a scoraggiare mucche. leggenda

afferma che la moglie di Glidden Lucinda lo incoraggiò a

allegare il suo giardino con la sua idea . Ha poi vinto vari

battaglie legali sui diritti di sua invenzione , una semplice

filo spinato bloccato su un filo doppio filamento , così ne è venuto a

essere conosciuto come il vincitore . Glidden e un partner stabilito il recinto Barb

Società in DeKalb per la produzione di The Winner . essi

inventato un metodo per bloccare le barbe in posizione e la

macchinari per produrre in serie esso . Al momento della sua morte ,

Glidden era uno degli uomini più ricchi d' America. oggi la sua

design rimane lo stile più familiare di filo spinato .

Le principali modifiche che sono state apportate al filo spinato

dal 1870 sono stati per ridurre le lesioni aumentando

visibilità . Ad esempio , Jacob e Warren Brinkerhoff

introdotto fili intrecciati e piatte nel 1879 e 1881 . L'

Americano in acciaio e Wire Company alla fine divenne

il produttore dominante . Hanno controllato tutti gli aspetti

della produzione da produrre le barre di acciaio per rendere

molte filo e unghie prodotti diversi da esso .

Filo ha avuto importanti effetti sociali ed economici ,

in particolare nel West americano . Ha permesso allevatori per

racchiudere la loro terra e confinare precedentemente allevamenti ruspanti

del bestiame . Ha inoltre gravemente colpito il sostentamento dei nativi

Americani che hanno dato il soprannome luttuoso del Diavolo

corda . Filo ha visto anche un ampio uso in guerra ,

a cominciare dalla guerra ispano-americana nel 1898 . In

Prima Guerra Mondiale , il serbatoio come lo conosciamo è stato inventato per

sfondare le difese di filo spinato .

IMPERMEABILI

Tribù di nativi americani del bacino amazzonico sono stati

utilizzando linfa dell'albero della gomma per fare i vestiti impermeabili

per centinaia di anni . Gli antichi cinesi usavano molti

materiali per la fabbricazione di mantelle impermeabili da pioggia , come la paglia ,

carici, e silvergrass cinesi. Con l'inizio della

Dinastia Ming (1368 - 1644) , sono stati utilizzati strati di olio elaborati.

Questi sono stati realizzati in tessuti come la seta ordinario, ma trattati

con olio giallo (olio di tung) per respingere l'acqua .

Botanico francese François Fresneau utilizzato in gomma per

impermeabilizzazione tessuto dopo aver visto i nativi americani in

Guyana Francese facendo lo stesso . Nel 1763 , ha descritto

come egli aveva preparato panno impermeabile per immersione in

Le soluzioni di gomma con trementina come solvente . scozzese

medico Giovanni Syme ha condotto esperimenti simili nel 1821 .

Il primo impermeabile , tuttavia , non ha usato gomma . Realizzato da G.

Fox di Londra nel 1821 , è stato chiamato Acquatico di Fox e usato

Gambroon , un tipo di tela di lino .

I primi tentativi a utilizzare gomma era rimasto soccombente

perché la durezza di gomma naturale varia con

temperatura . Ciò ha reso i vestiti difficile da indossare . scozzese

chimico Charles Macintosh trovato la soluzione nel 1823 .

Processo di Macintosh coinvolto sandwich uno strato di gomma stampata tra due strati di tessuto che avevano

stato spazzolato con gomma disciolto in nafta . Il suo primo

cliente era l'esercito britannico . In realtà , impermeabili sono ancora

chiamato Mackintosh o il Mac nel Regno Unito.

Nel 1839 , americano Charles Goodyear ha sviluppato vulcanizzata

gomma , che è più elastica e più facile da modellare . inglese

produttore Thomas Hancock usato la gomma vulcanizzata

per migliorare l'impermeabile Mackintosh nel 1843 . americano

società ha introdotto il processo di calandratura nel 1849

in cui è stata approvata panno di Macintosh tra riscaldata

rulli per renderlo più flessibile e impermeabile.

Durante la prima guerra mondiale , l'inglese inventore Thomas Burberry

creato il trench per tutte le stagioni . Era fatto di un tipo

di cotone chiamato gabardine che Burberry ha inventato e

è stato lavorato chimicamente per respingere la pioggia . Questi trench

sono stati originariamente per i soldati , ma è diventato popolare

con molti civili dopo il 1918 .

Tessuti Olio trattati , di solito in cotone e seta , divennero

popolare nel 1920 . Ad esempio , cerata è stata fatta da

spazzolatura olio di lino su tessuto , che ha reso il respingono panno

acqua . Impermeabili in vinile , nylon e plastica è diventato popolare dopo la Seconda Guerra Mondiale . Impermeabili moderni sono fatti

da una varietà di materiali high- tech come il Gore- Tex e

microfibra .

BICICLETTE

Barone tedesco Karl von Drais inventò la prima pratica

bicicletta nel 1817 . Drais ' draisienne , velocipede , o hobbyhorse

era un dispositivo a due ruote senza pedali . il pilota

azionato spingendo i piedi contro il suolo.

Velocipede Drais ' ispirato un metalmeccanico francese (sia

Ernest Michaux o Pierre Lallement) per aggiungere manovelle rotanti

e pedali al mozzo della ruota anteriore intorno al 1863 , creando

la prima moderna bicicletta a pedale . Nel 1868 , Michaux

and Company è diventato il primo produttore di massa di biciclette .

I loro telai rigidi e ruote di ferro fasciato ha dato loro la

boneshakers soprannome descrittivi . miglioramenti successivi

inclusi i pneumatici in gomma piena e cuscinetti a sfere .

Eugene Meyer in Francia e James Starley in Inghilterra

inventato l'alta bicicletta , ordinaria o penny- quattrino

intorno al 1870 . Aveva una grande ruota anteriore che ha viaggiato

ulteriormente con ogni rotazione dei pedali . Ordinari erano

veloce ma molto pericoloso . Tuttavia , l'inglese Thomas

Stevens ha guidato uno in tutto il mondo tra il 1884 e il 1886 .

Nel 1885 , John Kemp Starley prodotto il primo successo

bicicletta sicurezza , la Rover . E 'caratterizzato da una ruota anteriore sterzante , ruote di uguali dimensioni , e una trasmissione a catena per la ruota posteriore . Nel 1890 , aveva completamente sostituito l'alta ruote .

Nel frattempo , nel 1888 , un veterinario irlandese di nome John

Dunlop ha inventato il pneumatico di gomma pneumatico aria riempita

rendere il triciclo del suo giovane figlio confortevole . È stato adottato

per la bicicletta sicurezza , rendendolo più leggero e più liscia .

Con l'inizio del 20 ° secolo , i club erano ciclismo

lobbying per strade migliori , letteralmente spianando la strada per l'

automobile . Adolph Schoeninger iniziato la Ruota occidentale

Lavori in Chicago , dove ha sperimentato la produzione di massa

metodi per le sue biciclette Crescent che drammaticamente abbassato

prezzi e poi ispirato Henry Ford . La bicicletta di sicurezza

donne emancipate sia da casa e restrittiva

abiti. Famosa femminista Susan B. Anthony ha detto: 'Penso

[bicicletta] ha fatto di più per emancipare le donne che

qualsiasi altra cosa al mondo . ' Frances Willard , un altro wellknown

femminista , detto ' non vorrei sprecare la mia vita in attrito

mentre potrebbe essere trasformato in moto. ' Nel 1895 , Annie

Londonderry è diventata la prima donna alla bicicletta in giro

il mondo .

Il deragliatore (leva del cambio) ha trovato in più moderna

biciclette è stato sviluppato in Francia tra il 1900 e il 1910 .

Con comandi del cambio elettronico e luce , aerodinamica

telai in fibra di carbonio , le biciclette di oggi sono molto

sofisticato e più popolare che mai .

Gelatieri

Ci sono diversi contendenti per l'invenzione del primo

gelatiera , dal famoso imperatore romano Nerone

ai cinesi che sostengono che Marco Polo ha preso in prestito il loro

ricetta e introdotto agli europei . Ci sono anche

numerosi resoconti di dolci a base di frutta misti

con la neve in latino e letteratura greca antica .

Molte persone diverse sono stati accreditati con l'invenzione

del primo moderno gelatiera . Molti storici concordano

che nel 1843 , americana Nancy M. Johnson si avvicinò con un

progettare per un gelato e caffè a manovella .

La sua idea era basata sulla conoscenza pratica . Ha coinvolto

utilizzando due lattine , uno più piccolo dell'altro , in modo che la

primo potrebbe essere posto all'interno del secondo barattolo . il più grande

può stato riempito con sale e ghiaccio . Il barattolo più piccolo è stato riempito

con una miscela di latte , sapore , e zucchero . Una manovella con

elica mescolatrice è stato inserito all'interno della miscela di latte e

aromatizzanti per aiutare sfornare gli ingredienti . Il sale ha aiutato

stabilizzare il ghiaccio la miscela è stata continuamente agitato ,

trasformandolo in una consistenza cremosa . questo processo

contribuito a ridurre il tempo di produzione di gelati , ma

Johnson non ha retto al suo brevetto . Ha ottenuto $ 200 per la sua invenzione di William Young , che la chiamò Johnson brevetto Ice -cream Freezer .

Alcuni sostengono anche che Augusto Jackson , uno chef al White

House a Washington DC , ha inventato il primo gelato

creatore nel 1832 . Si ritiene che Jackson servito gelato esotico

sapori come dessert alla Casa Bianca cene di Stato

per gli ospiti della First Lady Dolley Madison . Ha sperimentato

con il processo di fabbricazione del gelato, cercando di rendere meno

laborioso , e si avvicinò con temperatura controllata ,

sistema basato pagaia che ha usato ghiaccio e sale . Ciò ha contribuito

a rivoluzionare il modo gelato è stato fatto al White

Casa , ma non ebbe il tempo di brevettare la sua idea .

Molte persone hanno contribuito all'evoluzione del gelato

makers da allora. Alcuni contributi degni di nota

includere un congelatore , solo per il congelamento ghiaccio , sviluppato da

Agness B. Marshall di Londra. Si può congelare una pinta di ghiaccio

in meno di cinque minuti. Afro-americano inventore Alfred

L. Cralle viene attribuita l'invenzione della muffa Ice- Cream

e Disher nel 1897 . La sua invenzione ha contribuito a mantenere il gelato

le pareti del contenitore ed era facile da usare .

Americano Jacob Fussell improvvisato su Icecream Johnson

Freezer e costruito il primo successo commerciale

impianto di gelati nel 1909 che ha prodotto 30 milioni di litri

di gelato ogni anno .

CAFFETTIERE

La storia della macchina da caffè , come molte invenzioni ,

ha diversi filoni . Le sue origini si possono far risalire al

Turchi, che sono noti per avere preparato un ottimo caffè come

Già nel 575 dC . Cosa è successo tra allora e il

all'inizio del 19 ° secolo non è molto chiaro . Tuttavia, il ritmo

di sviluppo accelerato volta il primo caffè moderno

Moka è stato inventato intorno al 1818.

Le origini del primo caffè moderno possono essere ricondotti

ritorno in Francia . Un dispositivo noto come biggin , a due livelli

caffettiera in cui l'acqua è stata versata in alto

Camera per drenare attraverso perforazioni in basso

da camera e in una caffettiera , è stato probabilmente il primo a goccia

macchina per il caffè . Allo stesso tempo, un altro inventore francese

si avvicinò con la caffettiera di pompaggio . questo caffè

creatore costretto acqua bollente nel vano inferiore

per spostare un tubo , e poi gocciolare attraverso terreno

chicchi di caffè nel vano inferiore. fino a

1950 , tali percolatori pompaggio sono stati preferiti

da molte casalinghe , cowboys e pionieri del

Stati Uniti. Nel 1840 , la Macchina di vuoto Napier era

introdotto . Mentre questa birra era complesso da usare,

potrebbe fare una chiara bricco di caffè , qualcosa che ogni premi amante del caffè . Il birraio di vuoto utilizzato il calore per bollire l'acqua in uno scomparto inferiore , che amplierebbe

ed essere costretti a passare attraverso un tubo stretto in

un vano superiore che conteneva caffè macinato .

Una volta che il caffè era stato preparato per la soddisfazione , il calore

sarebbe interrotto . La depressione creata come risultato di

ciò contribuirebbe a disegnare il caffè preparato indietro nel

abbassare camera attraverso un colino . Napier caffè sottovuoto

i responsabili sono ancora oggi popolari .

James Nason del Massachusetts , Stati Uniti d'America , è accreditato con il

progettazione di una caffettiera all'inizio del 1865 , ma è stato

un altro americano di nome Hanson Goodrich che ha inventato

il moderno caffettiera fornello a gas . Ha ricevuto un brevetto

per la sua invenzione il 16 agosto 1889. suo design è stato molto

simili a quelli che vengono venduti oggi . Versioni elettriche di

la caffettiera fornello a gas sono stati sviluppati alla fine del 1800 .

I consumatori li amavano , dal momento che ha permesso loro di preparare pentola

dopo bricco di caffè , senza avere a che fare con una stufa .

L'invenzione di Mr. Coffee , il primo in commercio

successo automatico - Macchina per il caffè , nel 1972 ,

rivoluzionato il modo di caffè è preparato . E 'stato così popolare

con i consumatori che percolatori quasi si estinse .

Ancora oggi , la maggior parte delle macchine da caffè a goccia sono semplicemente variazioni del disegno Mr. Coffee .

BLENDERS

Nel 1919 , Stephen J. Poplawski , proprietario della Stevens

Società elettrica , era sotto contratto con Arnold

Società elettrica per la progettazione di bere - mixer . durante

questo periodo , se ne uscì con un design innovativo , che

è stato inizialmente utilizzato per mescolare Horlicks latte maltato scuote a

fontane di soda . Nel 1922 , ha ricevuto un brevetto per esso . egli ha anche

si avvicinò con il progetto per un frullatore liquefattore intorno

contemporaneamente il suo nuovo mescitrice .

Nel 1930 , americano Fred Osio ha creato un nuovo tipo

di Blender migliorando su disegno di Poplawski . lui

avvicinato un musicista popolare , Fred Waring , per finanziare

e promuovere il suo progetto , il Mixer Miracolo , nel 1933 . Fred

Waring ridisegnato dal miglioramento della progettazione dell'asse coltello

e la sigillatura vaso e rilasciato la sua versione , il Waring

Blendor , nel 1937 . 'Diventata rapidamente uno strumento indispensabile per

ospedali e cliniche per la preparazione di alimenti dietetici specifici e

aiutato molto nella ricerca scientifica di base . Dr. Jonas Salk

usato per sviluppare una delle grande successo medica

storie del - secolo primo vaccino antipolio orale 20 .

Nel 1937 , WG Barnard di Vitamix ha introdotto un nuovo tipo

di frullatore noto anche come Blender che ha utilizzato un acciaio

barattolo di acciaio al posto del vetro Pyrex usato in vaso del frullatore di Waring . Nel 1946 , John Oster
della Oster Barber Equipaggiamento

Società ha acquistato Stevens società elettrica di Poplawski

e cominciò a progettare il proprio frullatore , il Osterizer ,

che a sua volta è stata acquisita da Sunbeam Products nel 1960 .

Miscelatori tradizionali Osterizer sono ancora venduti oggi.

Intorno allo stesso tempo , gli inventori in Europa e in Brasile

si avvicinò con le loro variazioni del frullatore . Nel 1943 ,

Traugott Oertli , un cittadino svizzero , progettato un frullatore , l'

Turmix Standmixer , basato sul design Waring Blendor .

Oertli inoltre si avvicinò con un apparecchio , lo spremiagrumi Turmix ,

in grado di estrarre il succo di frutta e verdura .

Ha iniziato a vendere questo come un accessorio con il suo Turmix

frullatore . Nel 1944 , brasiliano Waldemar Clemente , proprietario

del Walita Appliance Electric Company , si avvicinò

con il Walita Neutron Blender basata sul Turmix

Standmixer . Clemente è anche merito di arrivo

con liquidificador , una parola che ancora oggi è sinonimo di

Frullatore in Brasile . Waldemar Clemente acquisito il

i brevetti per Turmix frullatori e spremiagrumi in Brasile e usate

Strategia di marketing europeo di Turmix a vendere più di

un milione di frullatori dai primi anni 1950 . Allo stesso tempo ,

Walita ha iniziato la produzione di miscelatori per Philips , Sears ,

Siemens Turmix , e molte altre aziende . Nel 1971 ,

Royal Philips Co. ha acquisito Walita , che divenne una parte

della divisione elettrodomestico da cucina Philips ' .

colini per il tè

Filtri di tè o infusi sono utilizzati per catturare le foglie di tè sfuso

mentre versando il tè . La loro storia può essere fatta risalire a

i cinesi hanno sviluppato filtri di bambù per rimuovere

foglie di tè bagnate da una pentola di terracotta , nel 10 ° secolo aC . ma

non è stato fino al 17 ° secolo che il tè fatto la sua strada da

Cina nei salotti della nobiltà britannica . con

la sua entrata in cultura britannica è venuto l'invenzione del primo

moderni filtri tè. Questi sono stati realizzati in argento sterling

(una lega contenente 92,5 per cento di argento e il 7,5 per cento

rame in massa) , e per lo più utilizzato in Inglese superiore

classi. Non è stato fino agli inizi del 20 ° secolo che il tè

divenne una bevanda popolare nel Regno Unito e filtri di tè

cominciò ad essere prodotto in serie . Da allora gli inglesi erano

fare diversi tipi di filtri , alcuni abbastanza grande

per soddisfare una teiera , altri abbastanza piccolo da entrare in standardsized

tazze da tè .

Esistono diversi tipi di filtri disponibili oggi ,

anche se sono tutti minacciati dalla onnipresente

bustina di tè .

Un filtro piramide, che come suggerisce il nome è

piramidale , è fatto di maglia . Le foglie di tè sono

inserito all'interno della piramide e poi immerso in acqua bollente . La base della piramide apre in modo che la utilizzata

foglie possono essere rimossi facilmente .

Sfere di tè sono di forma sferica e lavorare sulla stessa

principio filtri piramide del tè . La differenza è che

aprono nel centro . Sono disponibili in diverse

materiali come metallo , maglia , e acciaio inossidabile .

Filtri Spoon sembrano un cucchiaio coperto di metallo

con piccoli fori infarcendo esso . Questi sono di solito più piccoli

rispetto ai tè della sfera e piramide filtri e non sono realmente

significava per preparare una tazza di tè forte .

Tenaglie di tè hanno manici lunghi che si aprono il filtro sul

di fronte termina quando spremuto . Filtri di nylon sedersi sulla cima di

un bicchier d'acqua invece di essere immersi dentro . Il tè è ricco

in acqua bollente e poi versato in una tazza attraverso l'

filtro , che ferma le foglie di cadere nella tazza .

Filtri Tea -stick sono a forma di penne in metallo con fori

in essi . Essi devono essere immersi in una tazza di acqua calda ,

con le foglie di tè collocati all'interno .

Ultimo ma non meno importante è il filtro novità , che funziona come

qualsiasi altro filtro ma è disponibile in una varietà di formati e

forme come orsacchiotti , dinosauri , e il cuore .

I dolcificanti artificiali

Zucchero di piombo o piombo acetato è stato il primo zucchero

sostituto, ampiamente utilizzato dagli antichi romani nella loro

vini e marmellate . Ma lo studio mostra ora che è tossico .

Personaggi famosi , come Papa Clemente II nel 1047 , hanno anche

morto di avvelenamento da acetato di piombo . Oggi sei sostituti dello zucchero

sono in comune uso - stevia , aspartame , sucralosio ,

neotame , acesulfame di potassio , e la saccarina .

Stevia è estratto dalle foglie delle piante di stevia e ha

stato usato come dolcificante naturale in Sud America per

secoli . Non provoca livelli di glucosio nel sangue per aumentare

dopo aver mangiato (zero indice glicemico) e ha zero calorie .

Quindi sta rapidamente diventando popolare in molti paesi .

Un dolcificante a base di stevia nome Truvia è stata approvata in

gli Stati Uniti nel 2008.

Scienziato americano James M. Schlatter al GD Searle

Azienda scoperto aspartame nel 1965. Lavorava

su un farmaco anti- ulcera e accidentalmente versato un po '

aspartame sulla sua mano . Poi si leccò le dita e

notato un sapore dolce . Infatti , aspartame è circa 200 volte

dolce come lo zucchero . E 'venduto come Equal , NutraSweet , e

Canderel . Non è molto adatto per la cottura , come si rompe

verso il basso e diventa meno dolce quando riscaldato . Il sucralosio è uno zucchero clorurati che è di
circa 600 volte

dolce come lo zucchero normale . E 'stato scoperto per caso

nel 1976 da ricercatori Leslie Hough e Shashikant

Phadnis al Queen Elizabeth College di Londra . uno

giorno Hough ha detto Phadnis per testare uno zucchero clorurato

composto. Phadnis capito male e pensava che Hough

gli aveva chiesto di assaggiarlo e trovato il composto per essere

eccezionalmente dolce. Il prodotto è stato rapidamente popolare

poiché è rimasto dolce quando riscaldato e potrebbe essere utilizzato

per la cottura e frittura . Marche comuni di sucralosio

includere Splenda , Sugar Free Natura , Sukrana , SucraPlus ,

e Nevella .

Saccarina è stato sintetizzato nel 1879 da chimici Ira Remsen

e Constantin Fahlberg presso la Johns Hopkins University in

Baltimore, Maryland . E 'stato anche scoperto per caso ,

riferito , quando Fahlberg notato un sapore dolce per il suo

mano una sera . Nel 1884 Fahlberg brevettato e denominato

il composto . In seguito è cresciuto ricco dalla sua scoperta ,

ma mai riconosciuto il ruolo di Remsen in esso. saccarina

prima divenne popolare durante la prima guerra mondiale , quando c'è

erano penuria di zucchero . E ' 300-500 volte più dolce

zucchero, ma lascia un retrogusto amaro o metallico . il più

popolare marca americana di oggi saccarina è Sweet ' N

Low .

LATTE CONDENSATO

Latte condensato è il latte di mucca da cui l'acqua ha

stato rimosso . Di solito è addolcito con lo zucchero ,

che aumenta la conservabilità impedendo la crescita

di microrganismi .

Il latte alimentare è un rischio significativo per la salute prima della

19 ° secolo. Il latte appena munto rovinato all'interno

ore durante l'estate e malattie causate noto come

il milksick , latte veleno, le rallenta , le trema , e il

male il latte . Per combattere queste malattie , il francese Nicolas

Appert condensato latte per la prima volta , nel 1820 .

Negli Stati Uniti , latte condensato apparso solo nel

1853, prodotto da un allevatore di nome Gail Borden

Jr. Nel 1852 , Borden stava tornando , da mare , da un viaggio a

Inghilterra, quando le mucche nella stiva della nave diventavano troppo

il mal di mare per essere munte e per questo , un immigrato

infante morto . Borden è stata devastata dalla morte e

ha cominciato cercando di conservare il latte crudo . Alla fine si era

ispirato dal pan di vuoto ermetico utilizzato dagli Shakers ,

un gruppo religioso , di condensare il succo di frutta , e fu in grado

per ridurre il latte senza cocente o cagliatura esso . Il suo primo

latte condensato durò tre giorni senza rovinare . Borden è stato concesso un brevetto per zuccherato , condensato

latte nel 1856 . , ma il prodotto non è stato ben accolto da

il pubblico che sono stati utilizzati per il latte annacquato , con gesso aggiunto per bianchezza e melassa per cremosità .

Essi lamentavano l'aspetto e il sapore di

latte condensato . Prodotto originale Borden , che era

fabbricati con latte scremato e mancava di sostanze nutritive, è stato

anche accusato di contribuire ad un rachitismo contemporaneo

epidemia nei bambini .

Come risultato , due prime fabbriche di Borden fallirono e solo l'

terzo , in Wassaic , New York , prodotto un prodotto utilizzabile

che era lunga durata e necessaria refrigerazione .

La sua attività è stata inaspettatamente aiutato da un pezzo di

giornalismo investigativo in Illustrated Giornale di Leslie .

La relazione ha esposto il fatto inquietante che competere

fornitori di latte fresco si nutrivano vacche New York su

distilleria pastone per ridurre i costi .

Nel 1858 , il latte di Borden , venduto come l'Aquila Brand, aveva guadagnato

una reputazione per la purezza , la durevolezza e l'economia . domanda

è stata anche guidata dalla guerra civile americana . Gli Stati Uniti

governo ha ordinato enormi quantità di latte condensato come

una razione campo per i soldati dell'Unione durante la guerra . soldati

ritorno a casa quindi a diffondere la parola e latte condensato

è diventata una grande industria alla fine degli anni 1860 .

BORSE TEA

Il primo brevetto per una bustina di tè , intitolato Holder Tea- Leaf ,

è stato emesso per Roberta Lawson e Maria McLaren di

Milwaukee, Wisconsin , nel 1903 . Loro invenzione , che

è stato un po 'di sacchetto in tessuto a rete , sembrava

simile alle moderne bustine di tè , ma non è mai stato fabbricato .

Bustine di tè apparsi in commercio intorno al 1904 , ma è stato

il tè e caffè mercante Thomas Sullivan da

New York che per primo li commercializzato con successo .

A cavallo del 20 ° secolo , il tè era molto più

costoso di oggi e molto apprezzato da coloro che

potevano permettorselo . A New York , i clienti molto atteso

ogni nuovo carico da India e Cina . Quando l'ultimo

spedizione arrivata in porto , i commercianti di tè , come Sullivan sarebbe

inviare i campioni , utilizzando piccoli stampi in metallo per tenere il tè .

La leggenda narra che Sullivan divenne infastidito l'elevato

costo dei barattoli e passati a piccoli sacchetti di seta cuciti a mano

nel mese di giugno 1908. clienti dovevano rimuovere il

tè sfuso dai piccoli sacchetti in infusione , ma alcuni lo giudicano

facile cadere solo i sacchi pieni in acqua calda . Rendendosi conto

come conveniente un sacchetto usa e getta così semplice era che

presto ha iniziato chiedendo loro tè in questa confezione , molto

sorpresa di Sullivan ! Una cosa che si lamentavano

circa era che la rete sui sacchetti di seta era troppo bene . In risposta , Sullivan ha sviluppato sacchetti fatti di garza ,

che erano le prime bustine di tè appositamente realizzato .

Purtroppo Sullivan ha omesso di prendere un brevetto per la sua invenzione e poco si sa di quello che gli è successo

o la sua azienda dopo. Altri si resero presto conto suo

potenziale commerciale e ha iniziato a sperimentare con altri

tipi di materiali, tra cui garza , cellophane , e

carta perforata . Le macchine sono stati inventati per sostituire

la cucitura a mano di bustine di tè .

Durante il 1920, bustine di tè cominciarono ad essere prodotto in serie e

è cresciuto in popolarità negli Stati Uniti . Oggi bustine di tè sono per lo più

fatto di fibra di carta . E 'stato William Hermanson , uno

dei fondatori della Technical Papers Corporation di Boston ,

che ha inventato queste bustine di tè in fibra di carta termosaldata . Nel 1930 ,

Hermanson venduto il suo brevetto per la Salada Tea Company .

La bustina di tè rettangolare, non è stato inventato fino al 1944 . Prior

per questo , bustine di tè sembravano piccoli sacchi. Era Tetley che

introdotto bustine di tè in Gran Bretagna nel 1953 , e fu subito

seguita da altre aziende . Entro il 2007 , bustine di tè confezionati

un fenomenale 96 per cento del mercato britannico .

COFFEE INSTANT

Caffè solubile , chiamato anche il caffè solubile o caffè in polvere,

è prodotto da congelare o essiccazione a spruzzo caffè preparato

fagioli. La prima versione di caffè istantaneo può avere

stato inventato intorno al 1771, in Gran Bretagna. Descritta come una

composto di caffè, è stato concesso un brevetto dagli inglesi

governo . La prima versione americana è stata sviluppata

nel 1853 e una versione sperimentale è stato testato sul campo in

forma di torta , durante la guerra civile americana .

Un tipo di caffè istantaneo o solubile è stato inventato e

brevettato nel 1889 dal Sig. David Strang di Invercargill ,

Nuova Zelanda . E 'stato venduto sotto il nome commerciale

Di Strang Coffee , citando il suo processo di lavaggio Hot -Air brevettato .

Satori Kato , uno scienziato giapponese che lavora a Chicago nel

1901, ha inventato un simile prodotto utilizzando un processo che aveva

originariamente sviluppato per preparare il tè istante .

Un chimico inglese di nome George Louis Constant

Washington ha sviluppato il suo proprio processo di caffè istantaneo

nel 1906 . sua marca di caffè in polvere, denominata Rosso E Caffè,

è stato commercializzato nel 1909 . Essa ha dominato il mercato nel

Stati Uniti per i prossimi tre decenni , anche se non sono state

molte persone che non piaceva il suo sapore . Nel 1938 , Nestlé di

La Svizzera ha lanciato il brand Nescafé . E ' migliorato il gusto da estratto di caffè co- asciugatura con un pari

quantità di carboidrati solubili , e divenne ben presto il

marca più popolare di caffè istantaneo .

Caffè solubile trovato un mercato istante in campo militare .

Nella prima guerra mondiale alcuni soldati soprannominato una ' tazza di

George ' . Considerate questa citazione da un soldato americano ,

scrivere a casa dalle trincee nel 1918 :

Sono molto felice , nonostante i ratti , la pioggia , il fango , le bozze

[sic] , il rombo del cannone e l'urlo di conchiglie . richiede

solo un minuto per accendere il mio riscaldatore dell'olio po ' e fare qualche George

Washington caffè ... Ogni notte Offro una petizione speciale

la salute e il benessere di [Mr. Washington] .

Con la Seconda Guerra Mondiale , caffè istantaneo era incredibilmente popolare

con i soldati . G. Washington Coffee , Nescafé , e gli altri

aveva tutto emerso per soddisfare la domanda . - Alto vuoto

caffè liofilizzato è stato sviluppato poco dopo la prima guerra mondiale

II . Nel 1950 , la Società Borden aveva ideato metodi per

rendendo estratto di caffè puro , senza aggiunta di carboidrati ,

fare il caffè istantaneo più popolare . Nel 1963 , Maxwell

Casa ha iniziato la commercializzazione di granuli liofilizzati , che assaggiato

più come il caffè appena preparato. Oggi , circa il 15 per cento dei

Consumo di caffè USA è in forma immediata .

apriscatole

Entro 1822, cibo in scatola era disponibile in Gran Bretagna, Francia ,

e negli Stati Uniti . Le prime lattine pesavano più di

il cibo che conteneva e sono stati aperti utilizzando qualsiasi

strumenti erano disponibili al momento . Le istruzioni su quelli

lattine leggere ' taglio rotondo nella parte superiore vicino al bordo esterno con un scalpello e martello ' .

Dedicato apriscatole apparso nel 1850 e aveva

primitiva artiglio a forma o la leva di tipo disegni. Nel 1855 ,

Robert Yeates di Londra ha inventato il primo a forma di artiglio

opener . Nel 1858 , Ezra Warner di Waterbury , Connecticut ,

USA , ha brevettato un apriscatole a leva . Aveva una falce tagliente ,

che è stato spinto nella lattina e segato intorno al suo

bordo . L'esercito americano ha adottato questo opener durante l'

Guerra civile americana . Ma la falce coltello -come su di esso era troppo

pericoloso per uso domestico e così impiegati presso i negozi di alimentari

aperto ogni possibile prima che i clienti li hanno portati a casa .

La prima ruota girevole apriscatole è stato brevettato nel

Luglio 1870 , da William Lyman di Meriden , Connecticut ,

e prodotto dalla ditta Baumgarten nel 1890 . il

ruota di taglio è stata ruotata attorno bordo del barattolo per tagliarlo.

Ma la lattina doveva essere trafitto nel mezzo prima . in

1925, la Stella apriscatole Compagnia di San Francisco , California, design migliorato di Lyman aggiungendo una seconda ,

ruota dentata chiamato un volantino di avanzamento , consentendo una presa salda di

il cerchio e rendendo inutile foratura iniziale .

Can -holding apri contemporaneamente afferrare la lattina e

aprirlo , rendendo inutile tenere la lattina come è

essere tagliati . La prima opener è stato brevettato nel 1931 da

Bunker Clancey Società di Kansas City , Missouri ,

ed è stata , quindi , chiamata Bunker . Era simile

il disegno stella ma ha aggiunto pinze tipo maniglie per ben presa del cerchio . Questo design efficiente è ancora in uso oggi.

Un apriscatole elettrico simile al Bunker è stato brevettato

nel 1931 ma è stato non ha trovato il successo fino al 1950 .

Nel 1866 , un apriscatole con un design completamente diverso era

brevettato da J. Osterhoudt . Invece di perforare la lattina , strappò

off e arrotolato una striscia pretracciata appena sotto il coperchio . era

chiamato chiave perché assomigliava una chiave della porta . oggi tale

apri sono venduti insieme a molte piccole scatole a parete sottile .

Apriscatole con disegni semplici e robusti sono stati

sviluppato specificamente per uso militare . Per esempio ,

il P - 38 e P -51 sono stati usati dagli americani durante Mondo

War II . Il P - 38 è stato anche conosciuto come John Wayne , perché

l'attore volta è stata dimostrata utilizzando uno in un film di formazione .

OMBRELLI COCKTAIL

Un cocktail ombrello è un piccolo ombrello o parasole fatto

di carta , di cartone , e uno stuzzicadenti e viene utilizzato come

contorno o decorazione in cocktail , dolci o altri alimenti

e bevande. L'ombrello è modellato su carta e

può essere modellata con nervature di cartone . Le nervature sono fatti

dal cartone al fine di fornire la flessibilità con cerniere

in modo che l'ombrello può essere tirato chiusa molto simile a un

ombrello ordinaria . Un piccolo anello di plastica di contenimento è spesso

stile contro lo stelo , di solito uno stuzzicadenti , al fine

per impedire l'ombrello di piegatura spontaneamente .

C'è un manicotto di giornale ripiegato sotto il collare

per fungere da distanziatore . Questo giornale è di solito in entrambi

Giapponese, cinese , o una lingua indiana , alludendo al

l'origine di ombrello.

In realtà , cocktail ombrelloni sono diventati un elemento chiave

il culto del Tiki . Il culto Tiki comporta un apprezzamento

del tiki bar , noto anche come un bar polinesiano . questo bar

specializzata in arredamento isola , cucina esotica e tropicale

bevande condita con cocktail ombrelloni e altri di fantasia

armamentario . Il giunto tiki ha svolto un fondamentale se

ruolo incompreso nella cultura occidentale per più di 60

anni . Ma prima del loro utilizzo nei bar tiki , si ritiene che

cocktail ombrelloni erano disponibili in ristoranti cinese che indica che l' ombrellone , o almeno l'idea di metterla

in una bevanda , era un'invenzione cinese-americano . È possibile

che essi sono stati originariamente progettati per proteggere i cubetti di ghiaccio

all'interno bevande dal sole. Tuttavia, gli sforzi per confermare

queste teorie con imprese cinesi e cinesi -americani

vendere gli ombrelli di oggi non hanno avuto successo .

Il cocktail ombrello si crede di essere arrivato sul

tiki bar scena già nel 1932 , per gentile concessione Victor J. Bergeron ,

l'irascibile fondatore con una gamba sola di Trader Vic di San

Francisco. Trader Vic è una base di Francisco -large San

catena di ristoranti in stile polinesiano . Bevande servite di Vic

con cocktail ombrelloni fino ai primi anni 1940 , quando

l'importazione dei piccoli ombrelloni fabbriche in Estremo

Est si è arrestata dallo scoppio della seconda guerra mondiale . Tuttavia ,

per ammissione dello stesso Bergeron , aveva inizialmente scelto

l'idea del Don ristorante della catena Beachcomber

(ora chiuso) , che ha aperto la strada pranzo in stile polinesiano

negli Stati Uniti . Su introduzione , ombrelloni erano

considerata molto esotico , così come lo erano la maggior parte delle cose dal

Pacific Rim . Per inciso , Bergeron anche inventato diversi

bevande rhum che divenne famosa nel mondo . essi

avevano nomi come La vendetta di Missionario , Sufferin ' Bastard ,

e Mai Tai , ovvero il meglio in tahitiano .

CHEWING GUM

La gente ha goduto di gomma da masticare per almeno 5.000 anni.

Antico gum , fatta di catrame di corteccia di betulla , è stato trovato in

Finlandia con impronte di denti ancora su di esso . Gli antichi greci

e Romani masticavano una resina dal lentisco chiamato

mastiche . Sia la corteccia di betulla e lentisco sono noto per avere

benefici medicinali .

Il popolo Maya dell'America centrale masticavano

Chicle , derivato dal dolce linfa dell'albero Sapodilla ,

dal 2 ° secolo dC . I loro discendenti messicani

continuato masticare Chicle . In Nord America , i primi

Coloni europei hanno cominciato a masticare la resina da abeti

mescolato con cera d'api . La base di abete rosso è stato gradualmente

sostituita dalla cera di paraffina .

Inventore americano Thomas Adams ha inventato moderno

gomma da masticare nel 1869 . Adams aveva comprato una tonnellata di

Chicle del leader messicano Antonio López de Santa Anna ,

che viveva allora in esilio a Staten Island , New York .

Santa Anna aveva importato Chicle dalla sua nativa del Messico ,

in modo che potesse rendere le gomme , ma era molto riuscita.

Adams ha poi trascorso più di un anno cercando di fare Chicle in

sostituto gomma , ma non è riuscita ogni volta . Tuttavia , uno

giorno ha ri- scoperto un interessante fatto - Chicle è divertente da masticare . Entro febbraio 1871 ,
Adams New York Gum , che

era più liscia, morbida e meglio degustazione di qualsiasi paraffinbased

gum , era disponibile nei negozi di droga . Da alcuni

anni , Adams e altri produttori vendevano

vari gusti di chewing-gum a base di Chicle in grandi quantità .

Tuttavia , nessuna gomma precoce potrebbe contenere sapore molto lungo . questo

problema non è stato risolto fino al 1880 , quando William White

zucchero combinato e sciroppo di mais con Chicle . americana

imprenditori William Wrigley Jr. e Frank H. Fleer

effettuate ulteriori sviluppi sul problema gusto . Wrigley

Wrigley fondata Chewing Gum Company di Chicago

nel 1891 e la strategia di marketing intelligente utilizzato per diventare il

marchio più famoso gum in tutto il mondo . In una di queste intelligente

muoversi, ha inviato tre bastoni di gomma libero a tutti elencati in

Il telefono americano directory oltre 7 milioni di persone !

Molti dei loro primi marchi come Juicy Fruit , menta e

Doublemint sono ancora oggi molto popolare.

Nel 1906 , era società con sede a Philadelphia di Fleer che

Chiclets lanciato , la prima gomma da rivestita caramelle. Sugarfree

gum , raccomandato dai dentisti , è stato introdotto

nel corso del 1950 . Nel 1960 , più economico lattice artificiale

materiali in gran parte sostituiti Chicle . Tuttavia , Chicle

continua ad essere la parola comune per la gomma da masticare , in

Spagnolo.

gumballs

Secondo la leggenda , la Gumball è stato inventato intorno

l'inizio del 20 ° secolo da un anonimo tedesco

droghiere a New York . Un giorno , infastidito dal fatto che i suoi blocchi di

gum non venduto , si appallottolò un pezzo e lo gettò

attraverso il negozio . Il tampone di gomma da allora cadde in una botte

di zucchero e ha acquisito un aspetto nuovo scintillante .

Il droghiere poi mostrato la sua scoperta a un amico , da

il quale ha preso in prestito una macchina di arachidi automatico , cambiando

suo meccanismo per erogare palle di gomma . se questo

storia è vera non è noto , ma c'erano presumibilmente

distributori automatici di bastone o gomma a forma di blocco come presto

nel 1888 . Nel 1897 , il Manufacturing Company Pulver

Aggiunto di figure animate alle proprie macchine gomma come l'aggiunta di un

attrazione. Tuttavia , le prime macchine per trasportare effettivo

gumballs non si vedevano fino al 1907 , probabilmente rilasciato

in primo luogo dal Gum Co. Thomas Adams negli Stati Uniti.

Imprenditore americano Frank Henry Fleer è stato uno dei

primi pionieri della gomma da masticare . Tra i suoi primi progetti

stava creando gum caramelle rivestite e la sua invenzione ,

Chiclets , è ancora molto popolare oggi . Fleer cercava

un tipo più elastico di gomma e nonostante la sua prima orribilmente

tentativi appiccicoso e disordinato , alla fine ha finito con

ciò che noi conosciamo come gomma da masticare. Stranamente , era il suo commercialista , Walter
Diemer , che è accreditato di trovare l'

giusta combinazione di ingredienti per rendere la gomma elastica

abbastanza per soffiare in una bolla senza richiedere trementina

per rimuoverlo dalla pelle come hanno fatto i primi prototipi di Fleer !

Diemer ha anche stabilito il colore gum tradizionale di rosa

utilizzando il solo tonalità disponibili sulla mensola quando era

facendo il suo intruglio . La sua creazione 1928 , Bubble Dubble ,

è diventato il primo bubblegum successo commerciale . esso

è stato originariamente venduto come gumballs con il nome stampato sul rivestimento caramelle e poi come piccoli mattoni con fumetti

wrapper . E 'ancora popolare oggi .

Brevettato nel 1923, il Manufacturing Company Norris

prodotto la loro linea Maestro di macchine Gumball cromo

nel corso del 1930 . Queste macchine possono accettare né

centesimi o monetine .

Un altro produttore iniziale di masticare per gumball

macchine negli Stati Uniti è stata fondata nel 1934 , la Gum Ford

e Machine Company di Akron , New York . la Ford

marca di macchine Gumball ha avuto anche un cromato lucido

colore . Oggi , gumballs e le macchine sono immessi

in sono onnipresenti e presente ovunque da barbiere

negozi e tintorie a negozi di alimentari e anche qualche

suite executive .

TAGLIATELLE ISTANTI

Taiwanese -giapponese imprenditore Momofuku Ando

inventato spaghetti istantanei . Nel 1958 , ha fondato Nissin

Foods , con sede a Osaka , in Giappone . Per anni dopo la fine del

La seconda guerra mondiale , ci fu una carenza costante di cibo in

Giappone , e Ando , poi un presidente di banca , hanno concluso che

fame era il problema globale più urgente del suo tempo . in

1957 , la sua banca fallì e Ando ha iniziato a sviluppare una massproduced

zuppa di noodle disidratato (ramen) per risolverlo .

Nel suo primo anno , Ando non ha avuto successo a tutti . La maggior parte delle volte

la consistenza della pasta dopo la cottura non era giusto .

Un giorno, però , Ando ha gettato alcune delle tagliatelle in

olio tempura che sua moglie aveva riscaldato a cucinare la cena . lui

poi scoperto che il flash friggere disidratato le tagliatelle

e diede loro una vita più lunga . Non solo , ma anche

creato piccoli fori che hanno fatto cuocere più velocemente .

Noodles istantanei sono nati e , all'età di quarantotto anni,

Ando ha intrapreso la sua carriera di Mr. Noodle .

Noodles istantanei sono stati commercializzati in Giappone il 25 agosto ,

1958 con il marchio Chikin Ramen , cioè pollo

Ramen . Consumatori abbracciato rapidamente la convenienza di

rendendo ramen istantanei a casa . E 'diventato un alimento di base in

Giappone e altri marchi, come la Maggi di Nestlé , entrati nel mercato. Ando a sua volta cercato per i clienti internazionali .

Ando ha avuto la sua prossima grande idea per un viaggio d'affari nella

Stati Uniti nel 1966. Egli osservò dirigenti supermercato a Los

Angeles con le loro tazze di caffè di polistirolo come ramen bocce.

Incuriosito , Ando replicato questi contenitori di fortuna per

un prodotto nuovo . Nel 1971 , ha introdotto Nissin Cup Noodles -

spaghetti istantanei in polistirene resistente al calore impermeabile

coppa che solo bisogno di acqua bollente per cucinare . Cup Noodles

ha avuto molto successo , soprattutto all'estero, dove ciotole o

bacchette di solito non erano disponibili .

Noodles istantanei sono stati anche nello spazio ! ANDO sviluppato

Spazio Ram , un sottovuoto ramen istantanei effettuati

soprattutto per astronauta giapponese Soichi Noguchi del 2005

inciampare sulla navetta spaziale Discovery .

Secondo un sondaggio giapponese condotta nell'anno

2000 , ' i giapponesi credono che la loro migliore invenzione di

il ventesimo secolo è stato spaghetti istantanei . ' A partire dal 2010 ,

circa 95 miliardi di porzioni di spaghetti istantanei sono

consumati ogni anno nel mondo . Ecco una media di 14

ciotole per persona ! Come Momofuku Ando, che divenne più tardi

un eroe nazionale giapponese , ha detto , ' L'umanità è Noodlekind . '

Pentole antiaderenti

La scoperta della tecnologia antiaderente è iniziato con la ricerca

sul frigorifero . Dr. Roy Plunkett , un chimico americano

presso l'impianto di Kinetic Chemicals , una filiale di DuPont , è stato

ricerca di una sostanza chimica meno tossico da usare come refrigerante .

Nel 1938 , Plunkett inventato una miscela che doveva

produrre gas tetrafluoroetilene e lasciata per una notte a un

bassa temperatura e sotto pressione . La mattina successiva ,

arrivò al lavoro per trovare un bianco , sostanza cerosa invece

del gas che si era aspettato . La nuova sostanza era

polimero di politetrafluoroetilene (PTFE) . E 'stato rapidamente

riconosciuto come eccezionalmente scivoloso e chimicamente

sostanza inerte . DuPont marchio di fabbrica il processo e

chimica come Teflon nel 1945 .

Nel 1951 , DuPont ha sviluppato applicazioni commerciali

per Teflon nel mercato del pane e il processo biscotto . ma

hanno evitato il mercato delle pentole del consumatore a causa di

problemi potenziali associati con il rilascio di sostanze tossiche

gas. Non è stato fino a quando un ingegnere francese di nome Marc

Grégoire ha trovato un modo per legare PTFE con l'alluminio

che il primo pentole antiaderenti stato creato. Grégoire

aveva cominciato il suo rivestimento attrezzi da pesca con Teflon per evitare

grovigli . Sua moglie Colette ha suggerito di utilizzare lo stesso

metodo per rivestire le pentole . L'idea di Colette fu subito successo e un francese

brevetto è stato concesso per il processo nel 1954. Nel 1955 , l'

Grégoires cominciato a fare e vendere pentole antiaderenti

fatto di cucina . Questo si è rivelato così popolare che nel 1956

fondarono il Tefal Corporation , formata prendendo Tef

da Teflon e Al da alluminio . Pochi anni dopo ,

un americano di nome Thomas Hardie ha incontrato Grégoire mentre

in viaggio d'affari . E 'stato colpito con delle pentole

e persuaso DuPont per importarli negli Stati Uniti . ma

DuPont ha insistito per cambiare il nome Tefal di T- Fal come

il nome era troppo vicino al loro nome commerciale di Teflon .

Dopo numerosi tentativi di rivenditori di interesse , Hardie

department store finalmente convinto Macy di New

York per mettere un piccolo ordine di pentole T - Fal . essi

è andato in vendita per 6,94 dollari il 15 dicembre 1960 ed al

lo stupore di tutti, rapidamente esaurito , anche durante

una tempesta di neve . Infatti , pentole antiaderenti era così successo che le fabbriche non potevano aumentare la produzione

abbastanza velocemente per soddisfare la domanda . Nel 1961 , le vendite di T - Fal avevano

ha raggiunto un milione di pezzi al mese nei soli Stati Uniti . altro

produttori presto aderito al mercato come Wearever , All-

Clad , Faberware , Viking, e Circulon . Mentre altri antiaderente

materiali di rivestimento sono stati inventati , è Teflon che

ha dominato il mercato .

BACCHETTE

Bacchette o Kuaizi sono i tradizionali utensili alimentari dei

Cina, Giappone , Corea e Vietnam. tradizionalmente Kuaizi

sono tenuti in mano dominante , tra il pollice e

dita , e utilizzato per raccogliere pezzi di cibo . The English

parola bacchette potrebbe essere stato derivato dal cinese

Pidgin parola inglese chop - chop significato in fretta .

Secondo la storia cinese , bacchette sono stati utilizzati

durante la dinastia Shang , e Zhou , l' ultimo re della

Dinastia Shang , usato bacchette d'avorio . Tuttavia, gli esperti

ritengono che bambù e legno bacchette erano in uso

oltre 1.000 anni prima di bacchette d'avorio . la prima

prova fisica di un paio di bacchette sono state fatte

di bronzo e scavato dalle rovine Yin , l' ultima

capitale della dinastia Shang , da circa 1200 aC . il

primo riferimento testuale noto per l'uso delle bacchette

è dal 3 ° secolo aC .

Possono essere stati utilizzati Le prime versioni di bacchette

per la cottura , mescolando il fuoco e servire o sequestro bit di

il cibo , ma non come posate . Con una popolazione in crescita

e risorse di combustibile scarse , gli antichi cinesi hanno iniziato

per tagliare il cibo in piccoli pezzi così sarebbe cucinare velocemente e

utilizzare carburante minimo. Questi bocconcini bocconcini di cibo fatte coltelli inutili al tavolo e sono stati perfetti da mangiare con

bacchette. Bacchette cinesi cominciarono ad essere usati come utensili da cucina

durante la dinastia Han come fossero più lacca

friendly di altri utensili appuntiti mangiare .

Nel 500 dC , le bacchette erano diffuse dalla Cina ad altri

paesi come la Corea , il Vietnam e Giappone . All'inizio giapponese

bacchette sono stati utilizzati esclusivamente per le cerimonie religiose

e sono state fatte da un pezzo di bambù aderito al

top . Questi sembravano un po 'come pinzette . Dal 10 °

secolo , tuttavia , erano stati fatti in due distinti

pezzi. Oro e argento bacchette è diventato popolare nel

Dinastia Tang (618-907 dC) . Ma fu solo durante la

Dinastia Ming (1368 - 1644 dC), che divennero bacchette

popolare sia per servire e mangiare, sono stati nominati Kuaizi ,

e ha acquisito la loro forma attuale .

Lo sapevi?

In Cina antica e medievale , le bacchette d'argento erano

a volte usato perché si credeva che avrebbero

diventa nero se sono venuti a contatto con cibo avvelenato .

Questa pratica deve aver portato ad alcuni sfortunati

incomprensioni . Ora è noto che l'argento ha

reazione di arsenico o cianuro , ma può cambiare colore se

entra in contatto con aglio , cipolle, o uova - tutte le marce di

che rilasciare gas idrogeno solforato .

CLING WRAP

Cling -wrap o cibo involucro è una sottile pellicola di plastica utilizzato per sigillare

prodotti alimentari in contenitori in modo che rimangano freschi su

un periodo di tempo più lungo . Questi involucri possono aggrapparsi a molti

superfici lisce e può rimanere stretto mentre copre

l' apertura di un contenitore senza adesivo o altro

dispositivi . Cling -wrap è popolarmente indicato come Gladwrap

in Australia e Nuova Zelanda , e Saran -wrap in

Nord America. In origine era fatta di polivinilidene

cloruro o PVDC . Questi film agiscono come una barriera contro

ossigeno , umidità , agenti chimici , e il calore e così sono perfetti

per proteggere alimenti, nonché consumatori ed industriale

prodotti .

Nel 1933 , Ralph Wiley , uno studente universitario che stava lavorando

come assistente di laboratorio a Dow Chemicals , accidentalmente scoperto PVDC quando si imbatté in un flacone non poteva

scrub pulito . Chiamò la sostanza nel eonite flaconcino ,

dopo un materiale indistruttibile nel fumetto Piccolo

Orphan Annie . Ricercatori Dow convertiti eonite di Ralph

in una grassa , pellicola verde scuro e lo ha chiamato saran invece .

Dow tardi è sbarazzato di colore verde di Saran e sgradevole

odore . Nei primi anni dopo la scoperta di Saran , essa

è stato utilizzato dai militari per spruzzare i loro aerei da combattimento in modo

che potevano essere protetti contro spruzzi del mare salato e case automobilistiche per tappezzeria .
Nel 1956 , la US Food & Drug

Administration (FDA) ha approvato PVDC per il cibo specifico

contatto così come l'imballaggio alimentare . Inoltre , PVDC ha

anche stato autorizzato per l'uso come superficie di contatto con gli alimenti nel

forma di un polimero di base , nelle guarnizioni dei pacchetti alimentari , in diretta

contatto con alimenti secchi , e per i rivestimenti in cartone

il contatto con cibi grassi e acquosi .

SC Johnson ora commercializza il marchio Saran Wrap - plastica

pellicola . Nel luglio 2004 , il nome di Saran originale è stato modificato

a Saran Premium e la formulazione fu cambiato

polietilene a bassa densità (LDPE) , che è un sicuro e

più rispettoso dell'ambiente di plastica . Glad - Wrap , da

Union Carbide Corporation , e Handi - Wrap , sono altri

LDPE basa marchi aggrapparsi -wrap .

Lo sapevi?

La canzone Clingwrap dall'australiano cantautore Sam

Sparro contiene testi quali :

Lei deve aver pensato che fossi il vostro spuntino ,

Perche ' adesso ti attacchi a me come pellicola trasparente .

Oh , perche ' mi ami .

Quando sei così pazzo ?

Sei appiccicoso , sei appiccicosa , sei appiccicosa ,

E siete come la pellicola trasparente .

cibo in scatola

La storia di cibo in scatola inizia nel 1795 quando i francesi

governo ha offerto 12.000 franchi , un grande premio , a chiunque

che potrebbe inventare un metodo di conservazione degli alimenti . Napoleone

aveva notoriamente notato che un esercito ' viaggia sul suo stomaco , '

perché le sue truppe sono stati distrutti più dalla fame

e lo scorbuto che da combattimento.

Parigina Nicholas Appert , dopo aver sperimentato per 15 anni ,

successo conserve parzialmente cottura , tenuta

in bottiglie ermeticamente chiusi con tappi di sughero e immergere

questi in acqua bollente . Campioni di alimenti di Appert erano

preso dalle truppe napoleoniche , che hanno viaggiato via mare per oltre quattro mesi , ed è rimasto fresco . E 'stato premiato nel

1810 dall'imperatore , per la sua invenzione . Ha anche scritto un

libro intitolato Il libro di tutte le famiglie o l'arte di conservare

Le sostanze animali e vegetali per molti anni.

Mercante inglese Peter Durand brevettò il barattolo ermetico

possono metodo di conservazione degli alimenti e di altri prodotti deperibili in

1810. Il resto del suo processo di conservazione era simile a

Appert di . Le lattine sono di ferro , rivestito di stagno

per prevenire la ruggine e sono stati molto più facile da gestire rispetto

Bottiglie di vetro di Appert . Nel 1812 , Durand vendette il suo brevetto a

due inglesi , Bryan Donkin e John Hall , per £ 1000 . Hanno creato una fabbrica di conserve commerciale in Bermondsey ,

Inghilterra , e dal 1813 , sono stati la produzione di prodotti in scatola per

l'esercito britannico e la marina . Verdure in scatola nutriente

presto eliminato scorbuto .

Sir William Edward Parry ha fatto due spedizioni artiche a

Passaggio a Nord Ovest nel 1820 e ha preso cibo in scatola

su entrambi i suoi viaggi . Uno di quattro chili di stagno di vitello arrosto ,

effettuata su entrambi i viaggi , ma mai aperto , è stata preservata in

un museo fino a quando è stato inaugurato nel 1938. I contenuti , poi

oltre 100 anni di età , sono stati trovati per essere perfettamente

commestibile ! Ma i primi lattine sono state sigillate con saldatura al piombo , che

a volte causato l'avvelenamento da piombo . Notoriamente , i membri del

1845 Arctic spedizione di Sir John Franklin subito gravi

avvelenamento da piombo dopo tre anni di mangiare carne di cane in scatola .

L' apriscatole moderno è stato inventato nel 1865 , facendo

prodotti in scatola ancora più conveniente . il sanitario

o open top può stato introdotto dal Can Sanitario

Company di New York nel 1904. Presto cominciò a dominare

il mercato perché era facile da fabbricare e

richiesta nessuna saldatura , eliminando così la possibilità

di avvelenamento da piombo . Oggi , ci sono più di 600 formati

e gli stili di lattine in corso di fabbricazione e cibo in scatola

è più popolare che mai .

nelle bibite in lattina

Lattine sono stati usati per il confezionamento della birra e bevande analcoliche più presto

1930 . Erano più robusto bottiglie di vetro e di più facile

da immagazzinare e trasportare . Bevande anticipata in scatola sono stati factorysealed

e ha richiesto un apri speciale . questi cilindrico

punzone superiore lattine erano fatti di ferro o di latta e aveva una cima piatta

e inferiore . A metà degli anni 1930, lattine con piani a forma di cono

e le protezioni che possono essere aperte e versato come le bottiglie

sono stati sviluppati. Questi piani cono e crowntainers erano

prodotta fino alla fine del 1950 .

Il primo soft drink in scatola , Cliquot Club Ginger Ale ,

è stato lanciato nel 1938 . Ha usato una lattina top cono prodotto

dalla Continental Can Company , che spesso perdeva o

impartito un sapore metallico alla bevanda . questi problemi

bevande in lattina fatte lento a prendere piede . Con la seconda guerra mondiale ,

lattine consistevano solo il dieci per cento del mercato delle bevande .

Ci sono voluti diversi anni per i difetti per essere elaborati . un

miglioramento della progettazione da Continental Can finalmente permesso

Pepsi- Cola per lanciare il primo grande soft drink in scatola

1948. La sua popolarità è stata ritardata dalla carenza di metallo durante

la guerra di Corea nei primi anni 1950 , ma nel 1960 , Pepsi e

Royal Crown venduto un gran numero di molle in scatola

bevande. Ispirato dalla concorrenza , Coca- Cola ha iniziato

lattine di marketing su larga scala subito dopo. Americano Ermal Fraze ideato il opener linguetta in

1959. Questo ha eliminato la necessità di un apriscatole separata .

A quanto pare , mentre ad un picnic , Fraze dimenticato di portare un

apriscatole e fu costretto a utilizzare un paraurti per sollevare il

lattine aperte . Una notte si ricordò l'incidente e

ha iniziato a lavorare su una lattina di auto- apertura. Altri avevano cercato di

venire con dispositivi simili , ma funzionavano male o

rotto facilmente . Fraze risolto questi problemi e la sua invenzione

bibite in lattina reso ancora più popolare . Nel 1965 quasi

Il 75 per cento delle fabbriche di birra americane sono state utilizzando. Tuttavia ,

le persone tendono a buttare via la scheda dopo aver aperto la loro

può , creando un grave problema littering .

Presto lattine di acciaio e di latta venivano sostituite da alluminio

quelli , che avevano molti vantaggi : erano la luce ,

economico , resistente alla corrosione , durevole e riciclabile . il prima bevanda di alluminio può è stato fabbricato da

Reynolds Metals Company nel 1963 e utilizzato per una cola dieta

chiamato Slenderella . Royal Crown ha adottato il alluminio

può nel 1964 e nel 1967 , Pepsi e Coca-Cola seguite .

Nel 1977 , Fraze brevettò il primo non rimovibile , pushin

e piegare -back pop tab opener . Questo ha risolto il cucciolata

problemi connessi con la linguetta da tirare . Nel 1985 , il poptab

lattina di alluminio ha dominato la bevanda confezionata

mercato.

foglio di alluminio

Foglio di alluminio è definito come fogli di alluminio che

sono meno di 0,2 millimetri di spessore . Foglio delle famiglie è ancora più sottile ,

tipicamente 0,016 millimetri o 0,024 millimetri . Circa il 75 per cento

di foglio di alluminio viene utilizzato per il confezionamento di alimenti , cosmetici

e prodotti chimici . Il resto è usato in industriale

applicazioni . Il foglio di alluminio termine è stato reso popolare

da Reynolds Metals , il produttore leader in Nord

America.

Alluminio metallico diventato disponibile in grandi quantità

nel 1888 . Alfred Gautschi di Gontenschwil , Svizzera

fu il primo a produrre un foglio di alluminio nel 1903 , con

il noto processo di laminazione pack. Gautschi impilati uno

numero di fogli di alluminio sottile in un pacchetto e laminati

è tra i cilindri di ferro pesanti . Ha ripetuto il processo

con spazi sempre più piccoli tra i cilindri

fino ad ottenere lo spessore desiderato stagnola . un altro

produttore iniziale era il dottor Lauber , Neher & Cie. , basato

a Kreuzlingen , in Svizzera. Nel 1907 , hanno scoperto

un processo di laminazione continua alternativo e l'uso di

foglio di alluminio come barriera protettiva .

Stagnola fosse stato disponibile in commercio a partire dalla fine

19 ° secolo. Ma non era molto malleabile e ha un leggero sapore metallico al cibo avvolto in esso .
Quindi, il nuovo

materiale sostituito rapidamente . Nel 1911 , con sede in Svizzera

azienda dolciaria Tobler ha iniziato avvolgendo il suo cioccolato

bar in alluminio , compresa la loro forma triangolare unica

barretta di cioccolato , Toblerone . L' uso del foglio di alluminio per

avvolgere il cioccolato è stato un successo quasi immediato , perché

protetto dall'umidità e mantenuto intatto l'aroma . da

1912, foglio di alluminio è stato anche utilizzato da Maggi , ormai

Nestlé Maggi , per il confezionamento di minestre e dadi da brodo .

La produzione commerciale di fogli di alluminio negli Stati Uniti è iniziata

nel 1913 . Il mercato originale era molto piccola , rendendo gamba

bande per individuare i piccioni viaggiatori . Ma presto ci sono stati

molte altre applicazioni come involucri per cioccolato , tè,

Zecche Life Savers , caramelle e gomme da masticare. Nel 1921 ,

la prima piegatura cartone laminato con foglio di alluminio

è stato prodotto . L' industria lattiero-casearia è stato uno dei primi

poiché foglio di alluminio non diventa nero a contatto con

formaggio ed era circa il 20 per cento in meno rispetto stagnola .

Lamina Household stato commercializzato alla fine del 1920 .

Foglio di alluminio è diventato un importante materiale di imballaggio

durante la seconda guerra mondiale . Dopo la guerra , le sue applicazioni hanno cominciato

a moltiplicarsi , come preformati contenitori per alimenti foglio che erano

lanciata nel 1948 . Oggi , foglio di alluminio , in luminoso

colori , stampato , goffrato , o stratificato è ovunque .

TENDE VENEZIANE

Veneziane e tende a pacco sono alcuni dei più

comunemente usato tapparelle . Essi possono essere di

plastica, metallo , bambù , o anche legno, con le lamelle

posti l'uno sopra l'altro . Come corde o nastri sospendere

le persiane , tutti doghe orizzontali possono essere ruotati al

stesso tempo in modo tale che una stecca sovrappone alla

altra . Questo aiuta a controllare la quantità di luce che scorre

nella stanza . Altri cavi di sollevamento che passano attraverso ogni

aiuto doghe orizzontali per alzare e abbassare le tapparelle . la stecca

larghezze possono variare , da 25 mm sono i più comuni

larghezza utilizzata .

La veneziana può essere fatta risalire alla metà del 18 °

secolo , ma gran parte della sua storia antica si basa su congetture .

Anche se i record di brevetti di credito Gowin Cavaliere e Edward

Beran d'Inghilterra con l'invenzione di tende alla veneziana , si

si ritiene che i francesi usavano questi ciechi prima

loro. Tuttavia, i francesi di cui questi ciechi come les

Persiennes , suggerendo un'origine asiatica . alcuni conti

suggeriscono che i veneziani , che erano commercianti , apprese

su queste tende dai Persiani , ed era l'

Schiavi veneziani che li ha introdotti in Francia .

Nel 1761 , la chiesa di San Pietro a Filadelfia è diventato il primo edificio negli Stati Uniti deve essere dotato di veneziana

persiane . John Webster è accreditato di essere la prima persona

negli Stati membri di utilizzare e vendere veneziane in

1767 . Veneziane poi apparso nella pittura 1787

da JL Gerome Ferris , intitolato La visita di Paul Jones a

Convenzione costituzionale . Altre illustrazioni mostrano

Veneziane a Independence Hall di Philadelphia

al momento della firma della Dichiarazione di Stati Uniti

Indipendenza .

Tra il primi secoli 19 e 20 , più l'ufficio

costruzioni negli Stati Uniti ha iniziato a utilizzare veneziano

tende a regolare il flusso di luce nelle loro aree di lavoro .

Nel corso del 1930 , il Radio City Music Hall di un edificio

e l'Empire State Building a New York City è diventato

il primo grande ufficio moderni complessi da usare veneziano

tende per le finestre . The Burlington Veneziana

Co. di Burlington , Vermont , è accreditato con la fornitura di

il più grande ordine singolo per veneziane , che erano

utilizzati per coprire le 6.500 finestre, si sviluppa su 102 piani ,

di tutta Empire State Building .

CEMENTO ARMATO

La parola calcestruzzo deriva dalla parola latina concretus

significa compatta o condensata . cemento armato

contiene strutture di rinforzo ad alta resistenza alla trazione ,

come barre di acciaio che contrastano la bassa resistenza alla trazione

ed elasticità del calcestruzzo normale . Queste strutture sono

incorporato nel calcestruzzo nuovo prima che indurisca .

Concrete è stato utilizzato per la costruzione dal romano

volte. Ma concreto precoce non era armato e aveva molto

bassa resistenza alla trazione . Non si sa con certezza che

l'inventore di rinforzo era ma la costruzione di

piccole barche a remi da Jean- Louis Lambot nei primi anni 1850

potrebbe essere il primo esempio di successo . Lambot , un agricoltore ,

rinforzato le sue barche con sbarre di ferro e rete metallica . egli ha anche

proposto di utilizzare il materiale per la costruzione di edifici .

Nel 1854 , un imbianchino , William Wilkinson di Newcastle- upon-

Tyne, Inghilterra , ha costruito una piccola casetta di servo a due piani , rafforzare il pavimento di cemento e tetto con sbarre di ferro

e fune , e brevettato questo tipo di costruzione in

Inghilterra . Wilkinson costruito diverse di queste strutture , che sono

spesso considerati i primi edifici in cemento armato .

Joseph Monier era un giardiniere parigino che ha fatto vasi da giardino e vasche di cemento armato con una rete di ferro .

Ha esposto la sua invenzione all'Esposizione di Parigi del 1867 .

Ha inoltre promosso in cemento armato per l'uso in ferrovia

traversine , tubi , pavimenti , archi e ponti ma mai

compreso il principio di funzionamento di rinforzo .

Il costruttore francese Francois Coignet stato il primo a

uso cemento armato in edifici su larga scala . lui

ha cominciato a sperimentare con il calcestruzzo armato in ferro

1852. Un anno dopo , ha costruito una casa di quattro piani interamente

di cemento armato a St. Denis , periferia nord di

Parigi . Questo edificio è ancora in piedi .

Nel 1879 , GA Wayss acquistato i diritti per Monier del

sistema e sperimentato costruzione in cemento armato in

Germania e Austria . Ernest Ransome di San Francisco ,

California , brevettato un sistema nel 1884 che ha usato twisted

aste quadre per migliorare il legame tra il calcestruzzo

e il rafforzamento e lo ha utilizzato per diversi edifici di grandi dimensioni .

Francois Hennebique di Parigi aveva anche iniziato a costruire

armato case di cemento alla fine degli anni 1870 . Nel 1892 , ha

brevettato il sistema Hennebique di costruzione e cominciò

di stabilire franchising nelle principali città . Il suo sistema modulare colonne e travi combinati in un unico monolitico

elemento ed era in gran parte responsabile per la rapida crescita

di cemento cemento in Europa.

CARTOLINE

Hallmark Cards e American Greetings sono il più grande

produttori di biglietti di auguri in tutto il mondo . Si stima

che una persona nel solo Regno Unito invia 55 carte per ogni anno

in media , fare biglietti di auguri di un miliardo di sterline a un anno

business. L'usanza di inviare biglietti di auguri date

torna agli antichi cinesi che scambiate messaggi

dell'avviamento per festeggiare il nuovo anno e ai primi

Egiziani che convogliato i loro saluti su papiro

pergamene .

Biglietti di auguri carta fatta a mano venivano scambiati in

Europa agli inizi del 15 ° secolo . I tedeschi sono noti

aver stampato auguri di buon anno da xilografie

Già nel 1400 , e San Valentino di carta fatti a mano venivano

scambiate in varie parti d'Europa nella prima metà del

15 ° secolo .

Entro il 1850 , il biglietto di auguri era stata trasformata da relativamente costoso , fatto a mano e consegnato a mano

regalo ad un mezzo popolare e conveniente di personale

comunicazione . Questo ha lanciato nuove tendenze come appositamente

disegnato biglietti di Natale da Sir Henry Cole a Londra nel

1843, la prima pubblicazione di carte di San Valentino negli Stati

Membri da Esther Howland nel 1849, e aziende come Marcus Ward & Co. , Goodall , e Charles Bennett massproducing

biglietti di auguri nel 1860. Tuttavia , Louis

Prang è generalmente accreditato con l'inizio del saluto

industria della carta in America nel 1856 . Nei primi anni 1870 ,

Prang ha cominciato a pubblicare edizioni deluxe di Natale

carte, che trovano un mercato pronto in Inghilterra . Nel 1875 ,

ha introdotto la prima linea completa di cartoline di Natale

per il pubblico americano .

Un certo numero di principali editori biglietto di auguri di oggi ,

che si è maggiormente incentrato sul sentimento espresso rispetto

su illustrazioni , sono state fondate intorno al 1906 . Essi

introdotto importanti innovazioni nei processi di stampa ,

tecniche artistiche e trattamenti decorativi per auguri

carte . Litografia a colori (1930) era una tale innovazione .

Durante la seconda guerra mondiale, il biglietto di auguri americano

industria riunito le loro risorse per aiutare il governo

vendere obbligazioni di guerra e di fornire le schede di soldati di stanza

all'estero . Questo periodo segna anche l'inizio della sua

stretto rapporto con la US Postal Service .

Biglietti di auguri divertenti , note come carte di studio, è diventato popolare alla fine del 1940 e 1950 . Con l'avvento dei

Internet elettroniche - cards , e- cards sono ormai diventati

molto popolare .

libri in brossura

Un libro in brossura , noto anche come softback o copertina morbida , è

caratterizzato da una copertura di carta o di cartone spessa

tenuta insieme con la colla , piuttosto che punti o graffette .

Libri economici rilegati in carta esistono fin a

Almeno il 19 ° secolo come opuscoli , yellowbacks , dime

romanzi , e romanzi aeroportuali. La maggior parte dei tascabili moderni sono

classificati in ' mercato di massa ' o tascabili «Commercio» .

Editore tedesco Albatross libri pioniere del 20 °

mass-market paperback format secolo nel 1931 , ma

La seconda guerra mondiale ha tagliato corto l'esperimento . Nel 1935 , la British

editore Allen Lane, ha lanciato i libri Penguin

impronta con dieci titoli ristampa . L'impronta ha adottato molti

di innovazioni Albatross ' , tra cui un logo ben visibile

e copertine per diversi generi color-coded , ed è stato un

successo finanziario immediato. Penguin Books essenzialmente

ha iniziato la rivoluzione tascabile in lingua inglese

mercato del libro . Numero uno della lista prima volta di Penguin di

libri nel 1935 è stato André Maurois ' Ariel .

Lane, voleva produrre libri economici . Ha acquistato

diritti brossura dagli editori , ordinate grande stampa

piste, circa 20.000 copie , e cercato non tradizionali

punti vendita per mantenere i prezzi unitari bassi . Librerie erano inizialmente riluttanti ad acquistare i suoi libri , ma quando Woolworths

posto un grande ordine , i libri venduti molto bene . dopo

che il successo iniziale, i librai non erano più riluttanti

a magazzino tascabili .

Nel 1939 , Robert de Graaf degli Stati Uniti ha collaborato

con Simon & Schuster per creare l'etichetta Pocket Books . il

libro tascabile termine divenne ben presto sinonimo di brossura

in lingua inglese del Nord America. De Graaf , come Lane,

diritti brossura acquisiti da altri editori e

prodotto molte piste. Al fine di raggiungere un ancora più ampio

mercato rispetto Lane, ha usato reti di distribuzione di

giornali e riviste , che aveva una lunga storia

di essere rivolto ad un pubblico di massa . Questo fu l'inizio

di tascabili mercato di massa . Paperback , che sono

distribuiti da libri grossisti e distributori , sono stati

lanciato intorno allo stesso tempo .

Di James Hilton Lost Horizon è spesso citato come il primo

Americano libro tascabile a causa del suo numero uno

posizione in quello che divenne un elenco molto lungo di edizioni tascabili .

Ma il primo mercato di massa , tascabile , libro tascabile

stampato negli Stati Uniti è stata una edizione di Pearl Buck The Good

Terra, prodotto da Pocket Books come un concetto proof-of- in fine del 1938 e venduto a New York City. Nel 1960 , le vendite da

libri in brossura prima superato quelle di copertine rigide .

TORCIA

Il francese George Leclanché inventò la pila bagnato

nel 1866 . conteneva acido che potrebbe fuoriuscire se rovesciato .

Nel 1888 , uno scienziato tedesco , il dottor Carl Gassner , racchiuso

la pila a liquido in un contenitore sigillato zinco , creando il primo

batteria del portatile pila a secco . Nel 1896 , una pila a secco migliorata

è stato inventato , utilizzando una pasta elettrolita invece di un liquido .

Nel frattempo , Joseph Swan in Inghilterra e Thomas Edison

in America aveva inventato la luce ad incandescenza moderno

lampadina nel 1879 . celle a secco e lampadine in miniatura fatto l'

prime torce elettriche , noto anche come torce, possibili .

Nel 1898 , il Carbon Società Nazionale ha lanciato la D -type

batteria a secco , che ha fornito energia sufficiente per palmare

luci portatili. Uno dei primi prodotti alimentati con era

un perno con una lampadina in miniatura . Fili collegati alla lampadina

ad una batteria , che era nascosto in una tasca o dietro un foulard .

Quando l'utilizzatore preme un interruttore , la lampadina lampo . utenti

usi pratici presto scoperto per questa invenzione come

lettura in ristoranti bui o teatri .

Per molti anni , il marchio leader in torce era

Eveready , originariamente The American Electrical novità e

Manufacturing Company . Un immigrato russo , Conrad

Hubert, ha iniziato a New York , nel 1898 . David Misell , un inventore inglese , ha iniziato a lavorare per Hubert nel 1897 . In

1899, società di Hubert ha ottenuto un brevetto per un motore elettrico

dispositivo . Questo dispositivo , progettato da Misell , sembrava un po 'come

una torcia elettrica moderna . E ' stato alimentato da D- batterie previste

anteriore a quella posteriore in un tubo di carta con la lampadina e un

rough riflettore in ottone ad una estremità . La società ha donato

alcuni di questi dispositivi per la polizia di New York , che

risposto favorevolmente a loro. Nel 1903 , Hubert brevettato

una torcia elettrica con un interruttore on / off in una forma cilindrica moderno

involucro contenente la lampada e batterie .

Queste prime torce correvano sulle batterie zinco-carbone , che

non è in grado di fornire una corrente elettrica costante e necessaria

periodico riposa per continuare a funzionare . Hanno anche usato

lampadine a filamento di carbonio energia inefficienti , il che significava

che i resti dovevano essere frequenti . Quindi , potrebbero essere

utilizzato solo in brevi flash , causando il termine torcia .

Sviluppo della lampada al tungsteno - filamento intorno

1906, con tre volte l'efficacia di filamenti di carbonio

e migliorato batterie , torce elettriche reso più utile

e popolare . Nel 1922 , palmare , lanterna , e faro

versioni erano disponibili . Bianco Potente ed affidabile

I LED sono stati introdotti nel 1999 dai Lumileds

Corporation di San Jose, California . Questi sono ora

sostituzione delle lampadine a incandescenza in torce .

salvadanai

Durante il Medioevo , metallo era costoso e

difficile da trovare in tutta Europa . Di conseguenza , le famiglie

utilizzata l'argilla per creare vari vasi per la casa , vasi , ciotole ,

e lavabi . In Middle English , pygg riferimento ad un

tipo di argilla arancione comunemente usato per fare tale

Articoli . La gente spesso risparmiato soldi in vaso cucina e

giare di pygg , chiamati vasi pygg . Vocali in anticipo

Inglese aveva suoni diversi di quanto non facciano oggi, in modo

durante il tempo dei Sassoni , la parola pygg sarebbe

sono state pronunciate pug . Ma, come la pronuncia di

'y' cambiato da una 'u' ad una 'i ', pygg alla fine è venuto a

essere pronunciato come maiale. Forse per coincidenza , il Vecchio

Parola inglese per i suini , la fattoria degli animali , era picga , con

la parola Medio Inglese evolve in Pigge , possibilmente

a causa del fatto che gli animali arrotolata intorno a

pygg fango e sporcizia .

Nel corso dei prossimi 200-300 anni, l'

argilla (pygg) e l'animale (Pigge) è venuto per essere pronunciato

gli stessi e gli europei lentamente dimenticato che pygg una volta

di cui i vasi di terracotta , vasi e coppe . dal

18 ° secolo , l'ortografia di pygg era cambiata e il

jar pygg termine era evoluta per banca di maiale . Così , nel 19

secolo, quando ceramisti inglesi hanno ricevuto richieste per le banche pygg , hanno iniziato a produrre con la stessa forma banche

maiali. Questo gioco di parole visivo intelligente appello ai clienti e

bambini felici . Una volta che il significato aveva trasferito

dalla sostanza alla forma , salvadanai cominciarono a

essere fatto da altre sostanze tra cui vetro , ceramica ,

porcellana , gesso e plastica .

Una teoria alternativa è che in Germania e dintorni

paesi , il maiale è un simbolo di buona fortuna . Si credeva

che tenere i soldi in una banca a forma di maiale porterebbe

buona fortuna . A Capodanno, i cosiddetti maiali fortunati sono ancora

scambiati come doni in Germania .

Gli europei occidentali non erano gli unici a fare piggy

banche. In Giappone , il Maneki Neko , o denaro gatto, è spesso

posto in casa per contribuire a portare la buona fortuna e la fortuna

alla famiglia . Maneki Nekos sono spesso utilizzati come una sorta

di salvadanaio, tenendo spiccioli e denaro per il

famiglia . Ancora più interessante , i primi salvadanai vere ,

banche terracotta a forma di suini con fessure in alto

per depositare monete , sono state fatte in Java fin l'

14 ° secolo . Il celengan termine indonesiano , che significa ' simile

un cinghiale ' , è stato usato per descrivere queste banche nazionali .

ELASTICI

Un elastico , noto anche come un legante , un elastico o

elastico , una band lacchè , fascia lag , fascia Lacka , o

gumband , è un breve tratto di gomma a forma di un

ciclo che viene comunemente utilizzato per contenere più oggetti

insieme . Essi sono utilizzati anche per alimentare modello piccolo

aeroplani.

Nel 1839 , un americano di nome Charles Goodyear inventò

il processo di vulcanizzazione che è ancora usato per fare

gomma moderna . Il 17 marzo 1845, un inventore britannico

e uomo d'affari di nome Stephen Perry brevetta l'

bande primi gomma in gomma vulcanizzata . Perry

società, Messers Perry and Co , produttori di gomma

di Londra , fatta una varietà di prodotti in gomma vulcanizzata .

Perry ha inventato l'elastico per tenere i documenti o

buste insieme. È interessante notare che un altro inventore , un certo dottor

Jaroslav Kurash , separatamente inventato e brevettato il

elastico nello stesso anno , lo stesso giorno .

Elastici sono stati prodotti in massa da William H.

Spencer il 7 marzo 1923 a Alliance , Ohio . erano

realizzato nella sua cantina da orli tagliati da scartare

prodotti in gomma , come i tubi interni respinti da

la Società Goodyear . Spencer , frenatore per la Pennsylvania Railroad , iniziò a vendere i suoi elastici

ai negozi di forniture per ufficio e prese carta e spago . la sua

grande occasione arrivò quando notò copie di The Akron

Beacon Journal che soffia sul prato. Ha convinto il

giornale di legare il suo prodotto con i suoi elastici

e divenne il primo giornale al mondo a farlo

per la consegna a domicilio . Egli ha anche convinto alimentare ad usare la sua

elastici invece di stringa per garantire la spesa .

Spencer continuato a lavorare per la ferrovia per 14 anni

mentre la costruzione di un business elastico al suo Alliance

pianta . Oggi, la sua Alleanza Rubber Company è la più grande

produttore di elastici del mondo . Rende 17.3

miliardi di elastici all'anno, oltre a altro ufficio ,

mailing e il confezionamento dei prodotti . I suoi prodotti sono venduti in

più di 30 paesi . Spencer morì nel 1986 , all'età di 94 .

Lo sapevi?

Persone nel Regno Unito sarebbero lamentarsi postini littering

gettando via gli elastici utilizzati per tenere email

insieme . Nel 2004 , la Royal Mail ha introdotto fasce rosse per

loro lavoratori . Erano facili da individuare e solo il Reale

Posta li ha usati . Questo ha reso i dipendenti si sentono in dovere

per raccogliere le bande che avevano abbandonato , che in gran parte

risolto il problema . Attualmente, circa 342 milioni di rosso

bande vengono utilizzati ogni anno.

pendole

Pendole , orologi longcase propriamente detti , sono

alti , freestanding , peso -driven orologi a pendolo con

il pendolo tenuto all'interno della custodia . Il nonno termini ,

nonna e nipote sono stati tutti applicati a

longcase orologi. Il consenso generale sembra essere che un

orologio più breve di 5 piedi è un nipote , tra il 5 e il

6 piedi è una nonna e più di 6 piedi è un nonno . più

orologi longcase colpiscono il tempo per ogni ora o frazione

di un'ora . Era orologiaio britannico William Clement

che ha prodotto i primi orologi longcase intorno al 1680 .

Secondo la leggenda , un particolare orologio longcase è stato posto

nella hall del George Hotel a Piercebridge , Nord

Yorkshire , in Inghilterra , dove si trova ancora oggi . era

ha detto di essere estremamente precisi . I proprietari dell'hotel erano

una coppia di scapoli , i fratelli Jenkins . Quando uno dei

fratelli sono morti , l'orologio in precedenza accurate curiosamente

ha cominciato perdere tempo . In un primo momento ha perso 15 minuti al giorno , ma

quando diversi clocksmiths rinunciato cercando di riparare il

difficoltà orologio , si stava perdendo più di un'ora ciascuna

giorno . Dopo la morte di l'altro fratello , l'orologio si fermò

esecuzione del tutto. Il nuovo direttore dell'hotel mai

tentato di farlo riparare . Ha appena lasciato in piedi in un

angolo soleggiato della lobby , le mani appoggiate in posizione hanno assunto il momento l' ultimo fratello Jenkins morì.

Intorno al 1875 , un cantautore americano di nome Henry

Clay Work capitato di stare al George Hotel

durante un viaggio in Inghilterra . Gli fu detto la storia del vecchio

orologio e dopo averlo visto per se stesso , ha deciso di comporre un

canzone su di esso . Il lavoro è tornato in America e pubblicata

il testo di questa canzone , orologio di mio nonno , nel 1876 . L'

canzone è stata un grande successo , ha venduto oltre un milione di copie di fogli

musica , e reso popolare l'orologio a pendolo termine . qui

è la prima strofa e il ritornello della canzone :

Orologio di mio nonno era troppo grande per il ripiano ,

Così si trovava 90 anni sul pavimento ;

Era più alto della metà rispetto al vecchio uomo stesso ,

Anche se pesava non un penny di più.

E 'stato acquistato il mattino del giorno in cui è nato,

Ed era sempre il suo tesoro e orgoglio ;

Ma stopp'd breve mai andare di nuovo, quando il vecchio è morto .

CORO

Novant'anni senza addormentato (tic , tic, tic , tic) ,

I suoi secondi di vita di numerazione (tic , tic, tic , tic) ,

Si stopp'd breve mai di andare di nuovo , quando il vecchio è morto .

COMPACT DISC

Nel 1974 , la società di elettronica Philips , con sede a

Eindhoven, Paesi Bassi, ha iniziato a sviluppare una

disco audio ottico con una migliore qualità del suono rispetto al

poi vinile dominante. Ben presto ha deciso di utilizzare

un formato digitale . Nel 1977 , Philips ha avviato un laboratorio per

commercializzare la loro tecnologia . Hanno scelto il termine

compact disc , e le sue dimensioni , 11,5 centimetri , per abbinare un altro

Philips prodotto - il compact cassette .

Nel frattempo , Sony , con sede in Giappone , aveva pubblicamente

dimostrato un disco audio digitale ottico a settembre

1976 . Nel 1978 , hanno sviluppato un disco con le specifiche

simile al CD moderna . Nel 1979 , le due società

deciso di unire i loro sforzi e istituire un compito comune

forzare per completare lo sviluppo della tecnologia . dopo un

anno , la task force ha prodotto lo standard Red Book CD ,

che è ancora oggi seguita . Philips ha contribuito l'

generale del processo produttivo , basati sul vecchio

LaserDisc , e la tecnica di modulazione audio , mentre

Sony ha contribuito l'algoritmo di correzione degli errori .

Il CD non è stato universalmente accolto . il principale

Record americano etichette CBS , Warner , e RCA - wanted

continuare a vendere dischi in vinile . Tuttavia, anche allora , non tutti volevano vinile. Il famoso direttore d'orchestra Herbert

von Karajan era un grande sostenitore del CD . Ha dichiarato

il suo supporto per il nuovo sistema e la musica rispetto a

record tradizionali per l'illuminazione a gas obsolete .

Il primo CD test è stato premuto da Polydor nei pressi di Hannover ,

Germania , e conteneva di Richard Strauss Eine Alpensinfonie

(Sinfonia delle Alpi) , come interpretato dalla Filarmonica di Berlino

e diretta da von Karajan . Nel mese di agosto 1982 PolyGram

rilasciato il primo spot del CD - ABBA 1981 album -

l Visitors . Il 2 marzo 1983 i lettori CD sono stati rilasciati in

gli Stati Uniti e in altri mercati .

Il CD richiesto lo sviluppo di un nuovo pacchetto

che avrebbe proteggere la sua superficie sensibile da eventuali danni . esso

anche dovuto tenere un libretto ed essere in grado di automatica

montaggio. Squadre al PolyGram in Germania e

Olanda messo a punto un adeguato pacchetto di tre pezzi fatti

di plastica (polistirene) . Il prototipo è stato così impeccabile

che è stato soprannominato il Jewel Case . Rimane la

standard mondiale per la confezione del CD .

Oggi i CD sono utilizzati per memorizzare i dati e musica . Newer

formati video come DVD e Blu -ray utilizzano anche l'

stessa geometria fisica del CD . Ma con la recente

la popolarità di MP3 , la vendita di CD è in diminuzione .

STYROFOAM / thermocol

Il polistirene è una plastica dura e chiaro che è stato accidentalmente

scoperto nel 1839 da Eduard Simon , un farmacista in

Berlino. Egli aveva distillato una sostanza oleosa da storace ,

la resina dell'albero sweetgum turca , che ha chiamato

stirolo . Alcuni giorni dopo , Simon ha scoperto che la stirolo aveva

addensato in una gelatina . Nel 1866 , chimico Marcelin Berthelot

ha scoperto che questo cambiamento è dovuto alla polimerizzazione di

stirene , un liquido petrolchimico trovato storace , e la

sostanza divenne noto come polistirolo .

Nel 1941 , la gomma era a scarseggiare a causa del Mondo

War II e ricercatori chimica del Dow Società

Fisica Lab stavano cercando di sviluppare un flessibile , simile a gomma

isolante elettrico . Un giorno team leader Otis McIntire

stirene combinando provato con isobutilene , un volatile,

liquido sotto pressione . Con sua sorpresa , all'isobutilene

piccole bolle formatesi all'interno del stirene , creando un nuovo

sostanza che era 30 volte più leggero e più flessibile

polistirene solido . Era anche poco costoso e umidità

resistente . Questo polistirene estruso è stato rapidamente adottato

dalla US Coast Guard per l'uso in una zattera di salvataggio di sei -man . presto

molte altre applicazioni in tempo di guerra seguirono . Dow brevettato

il materiale come polistirolo nel 1944 e ha introdotto a

il mercato civile nel 1954 . Oggi viene utilizzato principalmente per gli edifici e le arti e mestieri isolante.

Quando polistirolo viene esposto ad un agente schiumogeno gassoso ,

si forma un'altra sostanza utile conosciuta come ampliato

polistirene (EPS) . EPS costituito da piccole polistirene espanso

perle contenenti milioni di bolle d'aria intrappolate . questi possono

essere modellato in un forte , leggero e termicamente isolante

solido che è anche chiamato thermocol , un nome introdotto dal

Tedesco BASF azienda chimica nel 1951 .

Nel 1954 , la Koppers Company Inc. di Pittsburgh ,

Pennsylvania, ha sviluppato schiuma EPS . Nel 1957 , il Depilate

Paper Company di Chicago , Illinois , ha depositato il primo brevetto

per tazze di polistirolo . Essi hanno sostenuto che il loro metodo

potrebbe fare tazze che potrebbe essere tenuto comodamente ' anche

se l'acqua bollente viene versato nella tazza . ' tuttavia

Fu solo nel 1970 che la Società ha introdotto Koppers

moderne tazze di schiuma . Le loro tazze avevano pareti sottili , meno di

il doppio del diametro delle perline e termica eccellente

proprietà di isolamento . Ben presto è diventato popolare per il caldo

bevande. Contenitori EPS asporto , refrigeratori pic-nic , industriale

imballaggi , e altre applicazioni seguirono . Tuttavia ,

poiché Styrofoam è una sostanza marchio utilizzato principalmente

per l'isolamento degli edifici , strettamente parlando , non esiste

cosa come un bicchiere di polistirolo ! Una tazza EPS sarebbe più

nome preciso .

Chappals infradito / HAWAII

Flip- flop sono noti anche come Zori (Giappone) , perizoma

(Australia) , jandals (Nuova Zelanda) , chappals Hawai (India

e Pakistan) , e molti altri nomi di tutto il

mondo . Il nome di flip-flop origine dal suono

questi sandali fanno mentre si cammina .

Sandali infradito sono stati indossati per migliaia di anni .

Foto di essi si verificano in antiche pitture murali egiziane da

4.000 aC . Sono state eseguite le più antichi esempi superstiti

dal papiro foglie intorno al 1500 aC e sono ora in

British Museum . I primi flip-flop sono state fatte da molti

materiali come il papiro e foglie di palma (Egitto) , la pelle grezza

(Kenya) , legno (India) , paglia di riso (Cina e Giappone) , sisal

Foglie (Sud America) , e la pianta yucca (Messico) .

Flip-flop da varie civiltà hanno avuto anche diversi

posizioni per la cinghia della punta . Gli antichi Greci lo pose

tra il primo e il secondo dito , i romani preferivano

il secondo e terzo , mentre i Mesopotamici scelto

il terzo e quarto . I giapponesi hanno indossato

sandali Zori almeno dal periodo Heian (794-1185

DC) . Il moderno flip-flop è stato introdotto nel Regno

Stati membri quando i soldati hanno riportato Zori con loro dopo

La seconda guerra mondiale dal Giappone come souvenir . Sono diventati molto popolari nel corso del 1950 . Flip-flop sono stati così

facile da fare che divennero i primi prodotti a essere

lanciato da molte aziende giapponesi durante la loro post-

Ripresa economica War . Mitsubishi ha comprato molti dei

queste imprese e divenne un grande esportatore precoce di infradito .

La maggior parte dei primi infradito avevano suole di gomma e sono stati

così mal fatti che hanno causato vesciche e non durano

molto lungo . Alla fine le aziende giapponesi spostati flipflop

produzione a Taiwan , in Corea , e poi in Cina per

ridurre i costi .

Oggi , flip-flop , come i jeans , si sono evoluti da loro a buon mercato ,

origini della classe operaia in indossare ogni giorno e talvolta

anche in alta moda . Alcuni costo minimo di $ 1, mentre

altri tempestate di cristalli Swarovski costano $ 150 o più .

Nel 2011 , durante una vacanza alle Hawaii , Barack Obama

divenne il primo presidente americano ad essere fotografato

indossare infradito . Il Dalai Lama piace anche flip-flop

e li indossa spesso per occasioni formali .

Lo sapevi?

Il design semplice di flip-flop è responsabile di molti piedi

ed inferiore lesioni agli arti inferiori . Nel 2010 , nel Regno Unito ,

ben 200.000 persone sono andate in ospedale con flip-flop

lesioni correlate . Queste lesioni costano il British National

Servizio Salute £ 40.000.000 .

COMPENSATO

' Compensato ', ha spiegato Popular Science nel 1948 ' , è un

LayerCake di legname e colla ' . Si compone di strati sottili ,

meno di 3 mm di spessore , di legno poco costoso che sono incollati

insieme, con strati adiacenti hanno il loro grano a destra

perpendicolarmente tra loro . Tale granitura croce è molto importante

per aumentare la resistenza e la durevolezza del legno compensato .

Gli Egiziani inventarono una forma di compensato intorno al 3500

BC . Durante una carenza di legno , hanno cominciato strati sottili incollare

legno di costosi in cima pannelli più convenienti. Per 1000 AD ,

i cinesi sono stati trucioli di legno e incollando insieme a

fare mobili . Gli inglesi , francesi e russi anche

compreso il principio generale di compensato da 17

e 18 °. Compensato precoce è tipicamente costituito da

legni decorativi e utilizzati per mobili per la casa .

Il primo brevetto per compensato moderno è stato rilasciato nel 1865

John K. Mayo di New York City. Mayo capito l'

principio di graining croce , ma non ha mai commercializzato

la sua invenzione .

Nel 1905 , il Manufacturing Company Portland , una piccola

legno -box fabbrica a Portland , Oregon, ha cominciato a

fabbricazione di compensato da una varietà di conifere come l' abete di Douglas locale . Hanno usato pennelli come collante

crocette e prese casa come presse e creato diversi

pannelli per la visualizzazione alla Fiera di Portland Mondo di quell'anno .

Ci hanno attirato un sacco di interesse e di un settore era

nato . Fino a circa 1919 , compensato era conosciuto anche come scala

bordo , di legno incollato e legno costruita -up .

La mancanza di un adesivo impermeabile ancora fatta compensato

adatto per uso esterno di lunga durata . Non è stato fino

1934 che il dottor James Nevin , un chimico a Porto compensato

Corporation in Aberdeen , Washington , ha sviluppato un

adesivo completamente impermeabile . Entro la fine del 1930 , a seguito

ampia marketing, compensato era considerato un forte

e materiale durevole per la costruzione di case . guerra mondiale

Il vide stato messo a molti altri usi - legno, capanne ,

caserme, torpediniere , alianti, e scialuppe di essere un po '

di loro . L'industria ha continuato a crescere da allora.

Nel 1982 , Kitply Industries Limited, pioniere l'uso di

compensato impermeabile in India . Oggi il materiale è spesso

chiamato semplicemente kitply . Ma prima di questo , già nel 1906 , l'India

aveva già iniziato l'importazione di legno compensato . due compensato

fabbriche sono stati avviati in Assam nel 1923-1924 , soprattutto per

rendendo casse di tè . L'industria si espanse rapidamente durante

La seconda guerra mondiale e le fabbriche di compensato utilizzando legno indiano

sono stati istituiti in tutto il paese .

ELETTROVENTILATORI

Un ingegnere di New Orleans chiamato Schuyler Wheeler

inventato il primo ventilatore elettrico tra il 1882 e il 1886 .

Aveva due lame attaccate ad un motore elettrico , ma senza

gabbia di protezione . Il Crocker & Curtis Motore elettrico

Società commercialmente commercializzato questo prodotto.

Inventore tedesco-americano Philip H. Diehl ha introdotto

il ventilatore elettrico . Diehl era un immigrato tedesco

che ha lavorato per la Singer Sewing Machine Company . in

1882 montato una pala del ventilatore su un motore macchina da cucire

e attaccato al soffitto , inventando soffitto

ventilatore , che brevettò nel 1887 . seguito, come capo della Diehl

and Co. , ha aggiunto una lampada al ventilatore a soffitto . Nel 1904 ,

ha aggiunto una joint split- palla , che ha permesso la direzione di

flusso d'aria da sostituire; tre anni più tardi , questo è diventato il

prima oscillanti fan .

Ventilatori elettrici I primi erano piuttosto costosi e sono stati

utilizzato solo in grandi uffici o case ricche . il primo

fan a prezzi accessibili sono state fatte intorno alla fine degli anni 1890 per

primi anni 1920 . La maggior parte di loro aveva le lame in ottone e gabbie.

Tuttavia , le gabbie non erano in realtà destinati a proteggere

l'utente , ma le pale del ventilatore costosi . In realtà, spesso

aveva aperture abbastanza grandi per i bambini a mettere le mani dentro , portando a molti infortuni .

La prima guerra mondiale ha provocato una carenza di ottone, che è stato

necessari per le munizioni , quindi produttori di ventole accese

a gabbie d'acciaio . General Electric ha introdotto fan con

pale in alluminio sovrapposti , che correva molto di più

tranquillamente , alla fine del 1920 . Emerson ha introdotto la bella

ma funzionale fan Silver Swan nel 1932 . suo design art deco

pale in alluminio usate , ma è basata sulla forma di un

yacht elica . Questa ventola cigno è stato un grande successo e

Probabilmente ha aiutato Emerson sopravvivere alla Grande Depressione .

La crescente popolarità dei condizionatori d'aria durante

1950 diminuito la domanda di ventilatori elettrici e

i produttori hanno risposto tagliando i costi a carico

di qualità .

Nel 1998 , americano Walter Boyd K. inventato il highvolume

a bassa velocità (HVLS), ventilatore a soffitto . Boyd era

sviluppo di un sistema per raffreddare bovini da latte , che producono

meno latte quando sono surriscaldato . Ha creato un grande

elettroventilatore che usato 10 pale in alluminio e aveva una

diametro di 8 metri . Si muoveva lentamente, ma era molto energyefficient

e non calciare la polvere . Oggi i fan HVLS sono

ampiamente utilizzati nei magazzini industriali , fabbriche e

centri commerciali per ridurre il riscaldamento e costi di raffreddamento .

CONFETTI

Confetti è spesso gettato a sfilate , feste e

matrimoni. Di solito è fatto da tanti piccoli pezzi

di carta , Mylar , o materiale metallico . È disponibile

in una varietà di colori e forme come stelle e

fiocchi di neve.

La parola inglese confetti è legata alla italiana

pasticceria con lo stesso nome , che era un piccolo dolce

tradizionalmente generata durante il carnevale . Essi possono avere

stata inventata nella città di Sulmona , provincia di L'Aquila ,

Italia Centrale , nel corso del 15 ° secolo , dove continuano

ad essere fabbricati e venduti anche oggi . anche conosciuto

come dragée , confetti , o confetti , italiano

confetti compone di mandorle o altra frutta a guscio rivestiti con un

strato di zucchero duro . Il nome deriva da quello italiano

parola confit , come in confettura , frutta significa preservare o marmellata .

La parola italiana per la carta confetti è coriandoli , che significa

coriandolo , che può implicare che in origine i dolci

semi di coriandolo contenuti piuttosto che mandorle.

Per tradizione , coriandoli italiana è fatta in vari colori e

dato fuori per gli ospiti nei giorni celebrativi , spesso avvolto in

piccoli sacchetti di rete leggero (tulle) . ci sono

significati tradizionali attribuiti ai colori blu o rosa per i battesimi , rosso per compleanni e lauree , verde per

impegni , bianco per matrimoni, e una varietà di colori

per gli anniversari . A un matrimonio , si dice di rappresentare

la speranza che la nuova coppia avrà un matrimonio fecondo .

Gli inglesi hanno adottato confetti per matrimoni , spostando l'

riso tradizionale , foglie , o fiori, alla fine del 19 °

secolo , utilizzando brandelli simboliche di carta colorata piuttosto

di dolci reali. Un 1885 emissione di Scientific American

rivista scarti registrati di carta colorata gettati

sulle persone a Parigi il Capodanno 1881 . Entro i primi

1900 , coriandoli di carta è stato machine fabbricato e venduto

tutto il mondo . Cascarones , gusci d'uovo pieni di coriandoli

destinate ad essere rotto sopra la testa di un amico , erano

sviluppato in Messico durante il 19 ° secolo , dove

sono diventati popolari durante le celebrazioni di festa come

Pasqua , Cinco de Mayo , e Carnevale .

Coriandoli petalo naturale, a base di fiori liofilizzato

petali, è recentemente diventato popolare ai matrimoni .

Lo sapevi?

Confetti ha una quotazione nel Guinness Book of World

Records . Casey Larrain della California ha la più grande

raccolta di confetti con circa 1.700 forme uniche ;

compresi a forma di hot dog , Elvis Presley confetti ,

fate , pirati, asciugacapelli , smalto e rossetto.

CARTONE

La parola cartone è stato in uso da più a lungo indietro

come 1683, quando è stato detto , ' I foderi menzionati in

grammatiche del secolo scorso stampatori erano di cartone

o cartoni ' . Le prime scatole di cartone commerciali

sono stati prodotti in Inghilterra nel 1817 . Queste sono state fatte

dalla carta pesante che è stato piegato e tagliato nella

forma di una scatola .

Carta ondulata o pieghettata è più forte del normale

carta . E ' stato brevettato in Inghilterra nel 1856 da Healey e

Allen e in origine è diventato popolare come rivestimento per le pellicce di altezza

cappelli. Non è stato fino al 1871 che ondulato single-sided

schede sono stati brevettati e utilizzati per la spedizione. il brevetto

è stato emesso per Albert L. Jones di New York City, che ha usato

per l'imballaggio di bottiglie e camini lanterna di vetro .

G. Smyth ha costruito la prima macchina per la produzione di massa

cartone ondulato nel 1874 . Nello stesso anno , Oliver Lungo

migliorato disegno di Jones inventando moderno

doppia faccia cartone ondulato . Nel 1884 , chimico svedese

Carl F. Dahl ha scoperto che pasta di carta dagli alberi di conifere ,

come il pino , potrebbe essere utilizzato per creare carta kraft dura.

Oggi cartone ondulato è costituito da crimpatura

strati di carta kraft in una forma di 's' chiamato a ripetere il mezzo corrugatore o scanalature . Più strati di carta kraft ,

chiamato fodere , vengono poi incollato su entrambi i lati della scanalatura .

Scozzese Robert Gair , una stampante e la carta -bag caffè

a Brooklyn , New York , inventò il cartone pre- tagliato o

scatola di cartone nel 1890 . invenzione di Gair stato un incidente .

Un giorno stava stampando un ordine di sacchi di sementi , quando un righello di metallo normalmente utilizzato per sgualcire i sacchetti spostato in

posizione e tagliare loro invece . Presto Gair scoperto che

poteva fare poco costoso cartone prefabbricati

scatole di taglio e cordonatura in un'unica operazione .

Gair anche applicato la sua idea di boxboard ondulato quando

si sono resi disponibili nel corso del 20esimo secolo . presto

scatole di cartone di spedizione stavano sostituendo legno

casse e scatole . Questo abbassa il peso complessivo del

spedizione e , infine, le spese di spedizione . la Kellogg

Società sperimentato l'uso di scatole di cartone come

scatole di cereali e Kieckhefer Container Company di

Chicago ha sviluppato cartoni di latte di carta .

Famoso architetto canadese-americano Frank Gehry

introdotto Facile Bordi mobili in cartone alla progettazione

Diverse aziende del mondo tra il 1969 e il 1973 . ora

produrre e vendere tavoli di cartone , sedie e scrivanie che possono

supportare migliaia di sterline .

ASPIRAPOLVERE

Molte persone hanno sviluppato l'aspirapolvere . c'erano

diverse spazzatrici tappeto mano-a motore brevettato durante l'

19 ° secolo. Nel 1899 , John Thurman di St. Louis, Missouri,

progettato un restauratore tappeto alimentato da aria compressa.

Tuttavia , la macchina di Thurman non era un aspirapolvere;

soffiava polvere in un contenitore piuttosto che succhiare dentro

Ingegnere inglese Hubert Booth ha la pretesa forte

a inventare l'aspirapolvere motorizzato . Nel 1901 , ha

frequentato ' una dimostrazione di una macchina americana dal suo

inventore ' (possibilmente Thurman), presso la Sala Impero di Musica

a Londra . Booth ha visto la polvere dispositivo di soffiaggio sedie

e ho pensato che sarebbe stato molto meglio se aspirato la polvere

invece . Ha creato un grande dispositivo , soprannominato il Puffing

Billy , originariamente azionata da un motore olio e

seguito da un motore elettrico . La pompa per vuoto e motore

sono stati alloggiati in un carro trainato da cavalli , da cui un tempo

tubo serpeggiava in casa . Booth ha iniziato gli inglesi

Vacuum Cleaning Company (BVCC) e perfezionato la sua

trovato nel corso dei prossimi decenni . aspirazione

era una tale novità che le signore della società in Inghilterra invitati

i loro amici più per i partiti vuoto !

Nel 1907 , James Spangler , un custode di Canton , Ohio , inventò la prima pratica , di vuoto elettrico portatile

pulitore . Spangler stava cercando di migliorare il vecchio tappeto

spazzatrice ha usato durante il lavoro . Ha armeggiato con una vecchia elettrica

motore del ventilatore , collegato ad un palco spillati a una scopa

gestire , e usato una federa come un collettore di polvere . lui

poi ha iniziato una società di vendere la sua invenzione, ma presto venduta a imprenditore William Hoover . Hoover ridisegnato

La macchina di Spangler e ha lanciato il modello O nel 1908 .

Marketing innovativo , di cui 10 - day trial gratuito home

e door -to- door venditori , appena fatto il Hoover

Società di grande successo . In Gran Bretagna , il nome di Hoover

è diventato sinonimo con l'aspirapolvere . anche

oggi , uno Hoovers uno di tappeti. Altri produttori , come ad

come Eureka e Electrolux , ha iniziato a competere con Hoover .

Tra il 1978 e il 1993 , designer industriale britannico James

Dyson costruito 5000 prototipi prima ha perfezionato la sua senza sacchetto

aspirapolvere , che operava sul principio

della separazione ciclonica . Nessun produttore o il distributore

avrebbe gestito di Dyson Dual Cyclone , come sarebbe disturbare

il mercato prezioso per sacchetti sostituzione . lui

alla fine ha deciso di vendere il prodotto stesso attraverso

cataloghi e divenne il vuoto più venduto

pulitore mai fatto . Nel maggio del 2001, Dyson ha avuto il 52 per cento di

il mercato in valore . Recentemente , aspirapolvere robot ,

come Roomba di iRobot , sono diventati anche popolari .

SERRATURE

Gli storici sono sicuri dove e quando il primo blocco è stato

inventato . Un blocco scongiurato utilizza un insieme di reparti (ostacoli)

impedire che il blocco di ruotare. La chiave corretta è

tacche che corrispondono ai reparti , permettendo così di girare liberamente.

Questo meccanismo è stato probabilmente inventato dai romani

ed è ancora usato oggi . Tuttavia, non è sicuro , poiché

i reparti possono essere bypassati con una chiave scheletro in cui

maggior tacche sono stati rimossi .

La maggior parte degli altri blocchi contengono bicchieri che devono essere spostati

da la chiave per aprirli . Un esempio è il bicchiere pin

serratura , che contiene una serie di perni di diversa lunghezza che

ostruire il bullone . Il tasto di destra solleva i piedini , permettendo

bullone a girare. Gli Egizi conoscevano questo principio di base per

2000 aC . Fabbro americano Linus Yale Sr. ha inventato il

moderno perno di blocco bicchiere cilindrico nel 1848 . Suo figlio , Yale ,

Jr. , ha introdotto una chiave più piccola , piatta nel 1861 con seghettato

bordi che potrebbero essere fatte in migliaia di varianti,

migliorando così la sicurezza . Ha anche sviluppato il moderno

combinazione di blocco nel 1862 .

Fabbro inglese Joseph Bramah brevettato la Bramah

serratura di sicurezza cilindrica nel 1784. suo sofisticato

meccanismo utilizzato sei lastre di metallo come bicchieri . Nel 1790 , Bramah visualizzato un lucchetto Challenge nella sua vetrina ,

montato su una scheda che diceva :

L'artista che può fare uno strumento che vi verrà a prendere o aprire

questo blocco riceverà 200 ghinee nel momento in cui viene prodotto .

Questo blocco è stato considerato unpickable per 67 anni , fino

Fabbro americano Alfred Hobbs aprì e fu

assegnato il premio . Tentativo Hobbs ' richiesto 51 ore ,

si sviluppa su 16 giorni.

Leva blocca tumbler utilizzano una serie di leve , spesso cinque o sette

di loro, come bicchieri . Sono stati inventati in Europa

17 ° secolo . Robert Barron d'Inghilterra ha brevettato un

versione a doppio effetto nel 1778 che ha richiesto le leve

essere sollevato ad un'altezza specifica per aprire la serratura , così

miglioramento della sicurezza . E ' ancora oggi utilizzato , soprattutto

per casseforti e carceri . Jeremiah Chubb di Portsmouth ,

Inghilterra , ha inventato un blocco rivelatore nel 1818 . Questa leva

serratura della chiavetta ha una caratteristica di sicurezza importante : è inceppata

quando qualcuno ha cercato di manometterlo.

La serratura della chiavetta disco è stato inventato da Emil Henriksson

nel 1907 . Ha scanalato dischi rotanti che agiscono come bicchieri .

Il meccanismo è durevole e non può essere urtato , cioè ,

aperta con una chiave speciale urto , a differenza di serrature tumbler pin.

Recentemente serrature elettroniche sono diventati popolari .

TELECOMANDO

Famoso inventore serbo - americano Nikola Tesla

sviluppato uno dei primi esempi del moderno

telecomando . Nel 1898 , ha dimostrato una radiocontrollato

barca durante una mostra al Madison Square

Garden , New York . Poco dopo , ingegnere spagnolo

Leonardo Torres Quevedo , ha sviluppato un telecomando wireless

il sistema di controllo ha chiamato il Telekino . Nel 1906 , Torres

controllato con successo una barca azionata dal motore a Bilbao

porto dalla riva , più di un miglio di distanza , in presenza

del Re di Spagna e molti altri.

Il primo telecomando della televisione è stato sviluppato nel 1950 dal

Zenith Electronics Corp of Chicago . Presidente di Zenith

voluto sviluppare un dispositivo per ' sintonizzarsi su fastidioso

spot pubblicitari ». Il loro primo telecomando , chiamato Lazy Bones , era

collegato al televisore tramite un filo ma che provocò frequenti

intervento . Zenith ha poi sviluppato un telecomando senza fili ,

il Flashmatic . Ha funzionato da proiezione di un fascio di luce su un

TV dotato di quattro fotocellule . Ma la maggior parte delle persone

dimenticarono quale cella ha fatto quello e sono stati spesso innescati

da altre fonti di luce .

Nel 1956 , inventore austriaco - americano Dr. Robert Adler

sviluppato Space Command Zenith per risolvere questi problemi . Ha usato gli ultrasuoni per trasmettere
segnali al televisore .

Il suo modello originale era meccanico - quattro aste in alluminio

generati i toni ultrasuoni . Il processo ha prodotto un

scatto ogni volta che è stato premuto un pulsante , da cui

arriva il moderno clicker termine .

Le prime unità di comando spaziale erano costosi perché

loro ricevitori utilizzati sei tubi a vuoto , aumentando il prezzo di

una TV per trenta per cento . Nei primi anni 1960 , telecomandi iniziato

utilizzando transistor e divenne più economico e più piccolo . zenit

ha iniziato la creazione di piccole telecomandi a batteria

che i cristalli piezoelettrici utilizzati , invece di alluminio

aste , per generare ultrasuoni . Telecomandi ad ultrasuoni

basato sul design di Adler rimasto popolare per il prossimo 25

anni . Ma erano in nessun posto vicino perfetto . qualsiasi naturalmente

si verificano rumore potrebbe innescare il ricevitore accidentalmente e

animali potevano sentire i segnali ultrasonici . Nel 1980 , un canadese

società denominata Viewstar lanciato un telecomando

che usate infrarossi al posto di ultrasuoni . Questi erano un

successo immediato e telecomandi a infrarossi da Viewstar ,

Zenith , e altre società ben presto cominciarono a dominare il

mercato.

Nei primi anni 2000 , la maggior parte delle case hanno avuto un gran numero di

dispositivi elettronici, ciascuno con un telecomando . Ora c'è anche

una toilette telecomandato , il Kohler C3 !

FORMULA INFANTILE

E 'un fatto indiscutibile che il latte materno è il miglior alimento

per i bambini . In passato , le donne che erano in grado di

allattino al seno i loro bambini usati per fare affidamento su altri come bagnato

infermieri da sfamare loro latte materno . Tuttavia, durante l'

19 ° secolo , la gente ha cominciato a nutrire i bambini il latte da

mucche , capre , cavalli, asini e persino . Il latte di mucca è stata

il più comune .

Tuttavia, tali bottiglia nutriti bambini erano meno sano di

quelli allattati al seno e sofferto di disidratazione e sconvolto

stomaci . Nel 1838 , lo scienziato tedesco Johann Franz Simon

ha trovato che il latte di mucca era molto più alto di proteine, ma

inferiore di carboidrati rispetto al latte umano. I medici poi

hanno suggerito che le madri aggiungere acqua , zucchero e crema

renderlo più simile al latte materno .

La prima formula attuale infantile è stato sviluppato nel 1860 da

Scienziato tedesco Justus von Leibig . Infant Solubile di Leibig

Il cibo era una miscela in polvere di farina di frumento , disidratato

latte di mucca , farina di malto e bicarbonato di potassio che

doveva essere mescolato con latte caldo vaccino . la Nestlé

Impresa di Svizzera presto si avvicinò con la propria

formula che era simile a quello di Leibig , ma più economico . Nel 1919 , una nuova formula per l'infanzia
chiamato SMA (Synthetic

Latte adattamento) è stato sviluppato da SMA Nutrizione

Michigan. Ha sostituito grassi del latte con l'animale e vegetale

grassi e olio di fegato di merluzzo , anche contenute. Pochi anni dopo

Nestlé ha introdotto Lactogen , costruito da vegetali

olio , come concorrente di SMA .

A metà degli anni 1920 , formula gigante Similac è stato avviato nel

Boston , Massachusetts . La loro formula conteneva una miscela

di latte vaccino , olio vegetale , calcio e fosforo

sale. Deve il suo nome perché era apparentemente così simile per l'allattamento . Ancora non c'erano molte persone che hanno usato

latte artificiale a causa del suo costo elevato . Nel 1883 , John B.

Myenberg inventato un processo per la rimozione di zucchero dalla

latte evaporato . Altri poi aggiunte di latte vaccino , mais

sciroppo e acqua per creare un poco costoso , senza zucchero

latte artificiale che era facile da digerire . I bambini che si nutrivano di

è cresciuto altrettanto bene come i neonati allattati al seno e dal 1930 ,

latte artificiale stava diventando molto popolare .

Alla fine del 1950 , Similac iniziato aggiungendo ferro , perché

bambini alimentati artificialmente tendevano essere carenti di ferro rispetto

per i bambini allattati al seno . Dal 1970 , molti altri

miglioramenti sono stati apportati al latte artificiale per dare

come molti benefici del latte materno possibile.

Q- TIPS

Tamponi di cotone , cotton fioc , o auricolari sono costituiti da un piccolo

batuffolo di cotone avvolto intorno a uno o entrambe le estremità di un breve

asta , solitamente in entrambi legno, carta o plastica arrotolata .

Polacco - americano nato Leo Gerstenzang , che viveva a New

York City, ha inventato il tampone di cotone nel 1920 . su

osservando la moglie applicando batuffoli di cotone per stuzzicadenti

nel tentativo di raggiungere difficili da pulire aree , Gerstenzang , che è stato il fondatore della Q -tips Company,

avuto l' idea di produrre un unico monoblocco pronto all'uso

batuffolo di cotone. Nel 1923 , ha fondato il Leo Gerstenzang

Infant Novelty Co., una società che commercializzato cura del bambino

accessori. Il suo prodotto , che ha chiamato per bambini Gays e

successivamente Q -tips bambino Gays , è andato a diventare il più diffuso

venduti a marchio nome- Q-tips , dove la Q sinonimo di qualità .

L'origine del nome del bambino gay non è chiaro .

Nel 1958 , il Q-tips Società ha acquistato Sticks carta

Ltd. d'Inghilterra , un produttore di carta bastoni per la

commercio dolciumi . La sua macchina è stato successivamente

portato negli Stati Uniti e utilizzati per la fabbricazione di Q -tip

Carta applicatori tamponi di cotone . Questo ha reso Q-tips disponibili

in entrambe le varietà bastone di legno e della carta . bastoni di legno

sono stati poi interrotto nel 1980 . Antimicrobial

Q-tips sono stati lanciati nel 1998. Recenti sforzi si sono concentrati sul rendere il prodotto più ecologico ,

come la modifica della plastica utilizzata per il bastone di PET

(polietilene tereftalato) , che viene utilizzato anche per

rendendo bottiglie di bibite . Nel novembre 2011 , questi nuovi

Q-tips sono stati confermati per essere biodegradabile .

Il termine Q-tips è spesso usato come un nome generico per il cotone

tamponi . Oggi, quasi 26 miliardi tamponi Q -tips cotone

vengono prodotti ogni anno . Ma non sono più utilizzati

esclusivamente per i bambini . La gente li usano per applicare la colla

su progetti artigianali , pulire i dispositivi elettronici , rimuovere

Make Up, tastiere di computer puliti e altri hard- toreach

luoghi , rimuovere lo sporco e detriti dai loro cani ' e

orecchio esterno gatti , collezionismo polvere, applicare pomate , vernici

modelli, e molto altro.

Lo sapevi?

L' uso di tamponi di cotone per pulire il condotto uditivo è associato

senza i benefici medici e pone rischi definiti . si può

causare otite esterna , noto anche come orecchio del nuotatore , un

infiammazione dell'orecchio e condotto uditivo esterno che risulta

in mal d'orecchi . E 'anche una delle cause più comuni di

timpano perforato , che talvolta richiede un intervento chirurgico

correggere.

Filo interdentale

Il filo interdentale è fatta di uno un fascio di nylon sottile

filamenti o plastica come Teflon o polietilene , o una seta

nastro , e viene utilizzato per rimuovere gli alimenti e placca dentale

da denti . Esso può essere aromatizzato o insapore , cerati

o non cerato . Dentisti concordano che filo interdentale , oltre al

spazzolatura riduce gengivite , che è una malattia gengivale

spesso causata da accumulo di placca, rispetto al dente

spazzolatura solo.

Levi Spear Parmly , un dentista di New Orleans , è

il merito di inventare la prima forma di filo interdentale .

Egli ha raccomandato che la gente dovrebbe lavarsi i denti

con un filo di seta sottile , in un libro , una guida pratica alla

Gestione dei denti , pubblicato nel 1819 . Tuttavia,

filo interdentale non era disponibile per il consumatore fino al

Codman e Shurtleff Company, con sede a Randolph ,

Massachusetts , ha iniziato la produzione e la commercializzazione humanusable

filo di seta non cerato nel 1882 . Questa è stata seguita in

1896 dal primo filo interdentale da Johnson & Johnson

Corporation , che ha iniziato un business che continua anche

oggi . La società con sede nel New Jersey ha ricevuto il primo

brevetto per filo interdentale nel 1898 . loro prodotto è stato fatto

dallo stesso materiale di seta utilizzato dai medici per la cucitura

ferite . Altre marche primi incluse Croce Rossa , Salter Sill Co. , e Brunswick .

Uso del filo interdentale è stato menzionato nella finzione letteraria in quanto il

20esimo secolo . Per esempio , un personaggio è raffigurato

utilizzando il filo interdentale nel famoso romanzo di James Joyce Ulisse .

Ma il filo non è stato ampiamente utilizzato prima della seconda guerra mondiale . in giro

questa volta , americano Dr. Charles C. Bass sviluppato nylon

filo interdentale , probabilmente perché i giapponesi avevano tagliato la

Fornitura di seta statunitense . Ha trovato che il filo di nylon era meglio

di seta a causa della sua maggiore resistenza all'abrasione e

elasticità . Dopo questo , filo interdentale ben presto divenne molto popolare in

Stati Uniti . L'uso di nylon consentito anche per lo sviluppo

di filo interdentale cerato nel 1940 e il nastro dentale nel 1950 .

Bass anche articolato e promosso la tecnica del Bass

Spazzolini da denti . Per questo motivo , si è talvolta indicato

come il padre di Odontoiatria preventiva .

Da allora , la varietà di prodotti filo interdentale ha

ampliata per includere nuovi materiali come il Gore- Tex ,

e texture diverse come filo spugnoso e il filo molle.

In risposta alle preoccupazioni ambientali , filo interdentale fatto da

materiali biodegradabili è inoltre disponibile. altro nuovo

prodotti includono filo con estremità irrigidite , che è

progettato per rendere più facile usare il filo interdentale per quelli con bretelle o

altri apparecchi dentali .

OCCHIALI

La prima prova di ingrandimento ottico risale

all'antico Egitto . Alcuni geroglifici egiziani dal

5 ° secolo aC raffigurano semplici lenti in vetro . durante l'

1 ° secolo dC , Seneca il Giovane , un tutor dell'imperatore

Nerone di Roma , ha scritto : ' Lettere , per quanto piccolo e

indistinto , si vedono allargata e più chiaramente attraverso un

globo o vetro riempito di acqua ' .

L' uso di lenti convesse per formare immagini ingrandite è

discusso nella scienziato arabo Libro di Alhazen di ottica scritto

nel 1021 . La sua traduzione in latino nel 12 ° secolo fu

strumentale l'invenzione degli occhiali in Italia intorno

1286 . Bicchieri primi erano palmare e formate da due

parti convesse di vetro o cristallo . Ogni era circondato da

un telaio con una maniglia collegata da un rivetto . la prima

testimonianze pittoriche è di Tommaso da Modena 1352 ritratto

del cardinale Ugo de Provence .

Alla fine del 14 ° secolo , migliaia di occhiali

venivano esportati da un paese all'altro in tutta

Europa . I duchi di Milano ordinato prestigioso

Occhiali fiorentini a centinaia per dare via come

regali ai cortigiani , e ottici prodotti sia convessa e

lenti concave di dosaggi diversi in grandi quantità . Ma fu solo nel 1604 che lo scienziato Johannes Kepler pubblicato

il primo corretta spiegazione di come convesse e concave

lenti corretti lontano e miopia (presbiopia

e miopia , rispettivamente) . Il Polymath americano ,

Benjamin Franklin , che soffriva di miopia e sia

presbiopia , ha inventato le lenti bifocali nel 1780 . infastidito a

dover cambiare continuamente gli occhiali , Franklin ha tagliato il suo

occhiali da lettura a metà e fuso con la sua distanza

occhiali. Nel maggio 1785 , scrisse : ' Come io porto i miei occhiali

costantemente , ho solo spostare gli occhi verso l'alto o verso il basso , come ho

vogliono vedere distintamente lontano o vicino , gli occhiali appropriati essendo

Le prime lenti sempre pronto . ' per la correzione dell'astigmatismo

sono stati costruiti dall'astronomo britannico George Airy

nel 1825 .

I primi oculari erano o manuale o pince -nez , che

sono fissati sul naso pressione . Telai moderni avevano

stato sviluppato da 1727 , eventualmente dall'ottico britannico

Edward Scarlett , ma non hanno avuto successo fino agli inizi del

19 ° secolo.

Nel 20esimo secolo , Zeiss ha sviluppato Punktal

Lenti punto di messa a fuoco sferiche che hanno dominato occhiali

lenti per molti anni . Oggi , montature per occhiali di lunga durata

in leghe metalliche di forma - sono ampiamente disponibili . queste

cornici tornare alla loro forma corretta dopo essere stato piegato .

APPARECCHI ACUSTICI

La prima testimonianza di un apparecchio acustico è in un libro , intitolato

Magiae Naturalis (Natural Magia), pubblicato nel 1588 .

In questo volume , l'autore italiano Giovanni Battista Porta

discute apparecchi acustici in legno intagliato nelle forme di

orecchie appartenenti ad animali con un buon udito , come

gatti. Nel corso del 1600 e 1700 , sentite le trombe di aiuto

erano popolari . Erano largo ad una estremità per raccogliere il suono,

stretto all'altra estremità per indirizzare il segnale amplificato in

orecchio , e fatto di corno di animale , conchiglia di mare , di vetro , e più tardi

rame e ottone . Ludwig van Beethoven è stato un notevole

utente di sentire trombe di aiuto .

Nel corso del 1700 , la conduzione ossea è stato scoperto . questo

processo trasmette le vibrazioni sonore direttamente attraverso il

cranio al cervello . Piccoli dispositivi a ventaglio stati collocati

dietro le orecchie per raccogliere le onde sonore e li dirigono

attraverso le ossa piccole dietro l'orecchio . Il primo fondoscala

produttore di apparecchi acustici è stato Federico Rein di

Londra nel 1800 . Ha prodotto trombe orecchio , ventilatori udito ,

e tubi di conversazione .

Nel corso del 19 ° secolo , apparecchi acustici nascosti o invisibili

divenne popolare . Sono diventati accessori decorativi ,

integrato in divani , collari, acconciature e vestiti. Alcuni hanno tentato di nasconderli in barba piena . I membri di

Libera aveva anche aiuti costruito a destra in loro troni udito ,

con i tubi speciali incorporati nei braccioli per raccogliere

le voci dei soggetti in ginocchio . Questi sono stati incanalati in

una speciale cassa di risonanza e amplificato prima di emergere

dalle aperture vicino la testa del monarca .

I primi apparecchi acustici elettronici sono stati costruiti dopo

Alexander Graham Bell inventò il telefono nel 1876 .

Campana suono amplificato elettronicamente nel suo telefono utilizzando

un microfono a carbone e batteria . Questo concetto è stato

adottata ascoltando produttori di apparecchi . Uno dei primi

apparecchi acustici portatili documentati sia da JC Chester

da Montana . Questi apparecchi acustici erano ingombranti

scatole contenenti fili visibili e la batteria pesante

solo è durato poche ore . Nel 1899 , Miller Reese Hutchison

della Società Akouphone brevettato il primo pratico

apparecchio acustico elettrica utilizzando un trasmettitore di carbonio e

batteria . Era così grande che doveva sedersi su un tavolo .

Ulteriore sviluppo di apparecchi acustici è concentrata sulla

miniaturizzazione , prima con l'uso di tubi a vuoto ,

poi transistori , e infine circuiti integrati . zenit

lanciato il primo soccorso tutto udienza transistor nel 1952 . Oggi ,

aiuti all-digital acustici programmabili sono abbastanza piccoli

per adattarsi comodamente dietro l'orecchio .

SMALTO & REMOVER

La colorazione delle unghie risale tutta la strada fino all'antica Cina

e il Giappone . Gli antichi egizi anche macchiato unghie

henné , mentre gli Incas decorate le unghie con

immagini di aquile . Ritratti europei dal 17 °

e 18 ° raffigurano lucidi, unghie laccate . dal

inizio del 19 ° secolo , i chiodi venivano oscurati

con oli rossi profumati e poi lucido o lucidato con

un panno di camoscio , piuttosto che semplicemente lucidato. europeo

e libri di cucina americani del 19 ° secolo aveva anche

indicazioni per la preparazione di vernici per unghie . Poi nel 19 e

inizio del 20esimo secolo , le unghie sono tornati ad essere lucido piuttosto che dipinte . Persone massaggiato polveri colorate e

creme nei loro unghie e poi lucidato lucidi .

Il Northam Warren Società di Stamford , Connecticut,

lanciato Cutex nel 1911 . Questo prodotto è un estratto cuticola ,

da qui il nome di cut- ex. Cutex prodotto i primi tinte chiodo

nel 1914 . Nel 1917 , hanno introdotto il primo liquido colorato

smalto di chiodo adattando automobile verniciatura . By 1925,

smalto liquido dominato il mercato . Nel 1928 , Cutex

introdotto uno struccante a base di acetone , che era sicuro per

uso domestico e aumentato la vendita di smalto tra

giovani donne. Charles Revson , suo fratello Martin

Revson , e un nome chimico Charles Lachman hanno iniziato la Charles Revson Company di New York .
lavoro

per loro era un francese, make-up artist chiamato Michelle

Menard . Menard è stato ispirato dallo smalto utilizzato per

pittura auto e mi chiedevo se le stesse tecniche potrebbero

essere utilizzato per creare smalto di lunga durata . I fondatori di

l'azienda pensato che questo prodotto aveva potenziale , e

impiantare una fabbrica per la produzione di esso . La società rinominato

si Revlon , dove 'L' stava per Lachman , e ha iniziato

vendere il primo smalto moderna nel 1932 attraverso la bellezza

e parrucchieri . Più tardi hanno introdotto rossetti da abbinare

lo smalto e nel 1937 , ha iniziato a vendere i loro prodotti

attraverso magazzini e negozi di droga . Sia Cutex e

Revlon rimangono grandi marche oggi.

Il tipo più comune di solvente per unghie ancora oggi

usa l'acetone , che è potente ed efficace, ma dura

sulla pelle e unghie . Può anche essere usato per rimuovere artificiale

chiodi , che di solito sono fatti di acrilico. il comune

alternativa si chiama semplicemente smalto non- acetone

rimozione e di solito contiene acetato di etile . Questo è un meno

solvente aggressivo e può quindi essere utilizzato per rimuovere chiodo

smalto da unghie artificiali . Le preoccupazioni per la salute associati

con questi rimozione hanno portato alla recente introduzione di

prodotti completamente naturali e biodegradabili .

SIRINGHE

La parola siringa deriva dalla parola greca συριγξ

(siringa) che significa tubo. Il più antico uso conosciuto di siringhe

sia in India , dove i grandi siringhe sono ancora utilizzati per schizzo

durante la festa indù di Holi acqua colorata . il

siringhe pistoni prime per uso medico, quali siringhe nasali ,

sono stati sviluppati in epoca romana . Nel 9 ° secolo dC ,

il chirurgo iracheno / egiziana Ammar ibn 'Ali al- Mawsili '

creato una siringa con un cavo (ipodermico) ago, un

tubo di vetro vuoto e aspirazione per rimuovere la cataratta da

gli occhi dei pazienti. Nel 1844 , il medico irlandese Francis Rynd

reinventato l'ago cavo e lo ha utilizzato per fare il

iniezioni sottocutanee prima registrati.

I primi brevetti siringa di John Frederick e Weiss sono stati

stipulata nel 1824 e 1851 rispettivamente . Alexander Wood,

un medico scozzese , inventò il ipodermico medico

siringa nel 1853 . Combinava una siringa di metallo con un

scava ago appuntito abbastanza bene per forare la pelle

senza tagliare un'apertura . Lavoro del Dott. Bosco ha mostrato

che le siringhe sono stati utili in medicina.

Intorno allo stesso tempo , Charles Pravaz , un chirurgo

Lione, Francia , sviluppato in modo indipendente un dispositivo simile

che è diventato popolare come il Pravaz siringa . Aveva un pistone azionato da una vite in modo da poter somministrare dosaggi esatti.

Un altro chirurgo francese , LJ BEHIER , fatto Pravaz di

invenzione conosciuta in tutta Europa .

Il BD , o Becton , Dickinson and Company , un medico

ditta strumento , è stata costituita nel 1897 . Nell'ottobre dello stesso

anno , hanno venduto il loro primo Luer tutto vetro ipodermico

siringa . Entro la fine del 1800 , queste siringhe erano ampiamente

disponibili ma non c'erano molti farmaci iniettabili sul

mercato. Poi , nel 1921 , l'insulina è stato scoperto . Doveva

essere iniettato direttamente nel flusso sanguigno , e questo ha creato

un nuovo mercato per aghi ipodermici . B.D. ha iniziato a vendere

una siringa da insulina per i diabetici nel 1924 .

Nel 1946 , Chance Fratelli di Birmingham , in Inghilterra ,

prodotto la prima siringa tutto vetro con intercambiabili

botte e stantuffo , che ha semplificato i mass- sterilizzazione

di siringhe . Nel 1954 , B.D. creato il primo prodotto in serie siringa monouso e aghi . E 'stato sviluppato per massa

somministrazione del nuovo vaccino antipolio Salk a American

bambini. Nel 1955 , Roehr Products ha introdotto il Monoject ,

la prima siringa ipodermica monouso in materiale plastico ,

seguita da B.D. con la Plastipak , nel 1961 . plastica

siringhe presto sostituiti quelli di vetro nel mercato. ora

aziende stanno sviluppando micro- siringhe per indolore

Consegnare quantità di droga controllato con precisione .

OCCHIALI DA SOLE

Antico popolo Inuit , meglio conosciuti come eschimesi , indossavano

occhiali fatti di avorio di tricheco appiattita per bloccare solare

abbagliamento . Questi occhiali hanno avuto strette feritoie per guardare attraverso .

Occhiali da sole realizzati con lastre piane di quarzo fumè , che

anche protetti gli occhi dal riverbero , venivano utilizzati in

Cina da parte del 12 ° secolo . I documenti descrivono anche

l'uso di tali occhiali da sole di cristallo dai giudici nell'antica

Tribunali cinesi per nascondere le loro espressioni facciali , mentre

interrogare i testimoni .

Ottico inglese James Ayscough iniziato a sperimentare

con lenti colorate in occhiali intorno a 1752. Ayscough

credeva che il vetro blu o verde - colorato potrebbe correggere

specifici problemi di vista . Occhiali con lenti scure continuato essere prescritta dal medico per tutto il 19 ° secolo .

All'inizio del 1900 , l' uso di occhiali da sole è diventato più

diffuso , soprattutto tra le stelle del cinema . È comunemente

ritiene che questo era di evitare il riconoscimento dai fan , ma

potrebbe anche essere stato per proteggersi dal

potenti lampade ad arco utilizzati sui set cinematografici contemporanei .

Sam Foster ha introdotto poco costoso prodotto di massa

occhiali da sole in America nel 1929. Foster trovato un pronto

mercato sulle spiagge di Atlantic City , New Jersey , dove ha iniziato a vendere gli occhiali da sole sotto il nome di Foster Grant.

Occhiali da sole ben presto una furia .

Nel 1930 , gli Stati Uniti Army Air Corps

commissionato lo studio ottica di Bausch & Lomb a

produrre spettacoli che proteggere i piloti da

i pericoli di abbagliamento alta quota . Hanno creato un sunglassspecific

società denominata Ray- Ban , abbreviazione di divieto

raggi solari , per creare il primo occhiali da sole stile aviatore .

Occhiali da sole polarizzati prima divenne disponibile nel 1936 , quando

Inventore americano Edwin H. Land ha iniziato a sperimentare

con lenti polarizzate . Ray - Ban aviator creazione anti-riflesso

occhiali da sole stile nel 1936 utilizzando la tecnologia Land . essi

usato un telaio leggermente cadenti di proteggere al massimo un

Gli occhi di aviatore , che devono ripetutamente occhiata verso il basso

verso cruscotto dell'aereo . Sono stati emessi volantini

questi occhiali da sole aviator Ray- Ban senza alcun costo e la

pubblico cominciò a comprare nel 1937 .

Si ritiene che gli occhiali da sole sono diventati davvero 'cool' durante

Seconda Guerra Mondiale. Lo stile wayfarer , occhiali da sole il best-seller

disegno nella storia, è nato nel 1953 . A pubblicità intelligente

campagna da Foster Grant nel 1960 , con Hollywood

celebrità e la tagline Chi è dietro quei Grants Foster ?

contribuito a rendere ancora più occhiali da sole alla moda .

CREMA DA BARBA

Una forma primitiva di crema da barba è stata documentata in

Sumeria intorno al 3000 aC . Una combinazione di alcali legno

e grasso animale è stato applicato per la barba come una rasatura

preparazione , simile al modo pelo è stato rimosso dal

pelli di animali . Gli antichi Egizi furono tra l'

prime culture a prendere sul serio la rasatura ; hanno usato degli animali

grassi e oli come lubrificanti per rasoi di bronzo .

Barbieri greci e romani spesso utilizzati oli o saponi quando

armati di rasoi di ferro. C'era poco ulteriore avanzamento

in barba o rasatura saponi fino al 1700 .

Nel 1800 , alti saponi schiuma emerso come uno specializzato

prodotto deve essere utilizzato solo per la rasatura . Questi saponi da barba

sono stati progettati per creare un più rigido , più duratura schiuma

di saponi normali . La prima apparizione intorno al 1840 ,

quando Vroom e Fowler di New York ha cominciato a vendere un

sapone concentrato che espanso . Essi chiamarono Noce

Olio militare sapone da barba . All'inizio del 1900 , americano

botanico e inventore George Washington Carver creato

una crema che era facile da memorizzare e insaponato piacevolmente ,

permettendo al rasoio di scivolare bene sulla pelle .

Saponi da barba tradizionali sono ancora disponibili oggi da

tali creatori come The Art of Shaving , Crabtree e Evelyn ,

e Geo . F. Trumper . Nel 1919 , Frank Shields , un ex professore del MIT , ha sviluppato

Barbasol , la prima crema da barba . Il prodotto innovativo

uomini ha offerto un'alternativa all'utilizzo di un pennello per lavorare

sapone in schiuma . La formula Barbasol era originariamente una

lozione di spessore che è stato progettato per fornire un comodo

barba per gli uomini con la barba dura e la pelle sensibile come

stesso. Il suo nome deriva dalla combinazione del latino

parola barba , che significa barba , e la soluzione . Oggi , Barbasol

continua ad essere una delle migliori marche di prodotti per la rasatura ,

in particolare negli Stati Uniti .

Burma - Shave , un altro brushless presto , rasatura pre- insaponato

crema , è stato introdotto in America dal Birmania -Vita

società nel 1925 . Esso crebbe rapidamente popolare per la sua comodità

e famose cartelloni in rima che fiancheggiavano americano

autostrade. Uno dei marchi più popolari di crema da barba

in India è Godrej . Il primo prodotto di rasatura Godrej era l'

bastone da barba , che è stato introdotto nel 1932 .

La seconda guerra mondiale ha contribuito all'invenzione della pressione

bomboletta spray . Il primo barattolo di crema da barba in pressione

era salita , che è stato introdotto da Carter - Wallace , un

Società americana cura personale sede a New

York , nel 1949 . Aerosol crema da barba catturato quasi

un quinto del mercato per la rasatura preparati all'interno di un

poco tempo e ha dominato ma dal 1960 .

DENTIFRICIO

Egizi usavano una pasta per pulire i denti in giro

5000 aC , molto prima spazzolini da denti sono stati inventati . questo

crema dentale probabilmente assaggiato terribile , perché conteneva

ceneri in polvere da zoccoli buoi , mirra , gusci d'uovo bruciati ,

pomice e acqua . A molto più tardi papiro egiziano , datato

4 ° secolo dC , presenta un'altra formula composta da

purè di salgemma , menta , iris e pepe nero .

Gli antichi Greci e Romani usavano dentifrici a cui

hanno aggiunto abrasivi come ossa frantumate e ostriche

conchiglie. I romani inoltre aggiunto aroma di aiutare con

alito cattivo . Gli antichi cinesi usavano una grande varietà di

sostanze, tra cui ginseng , zecche a base di erbe , il sale , e

anche polvere da sparo . Nel 9 ° secolo , l' erudito persiano

Ziryab ha inventato un tipo di dentifricio che ha reso popolare

tutta la Spagna islamica . E 'stato presumibilmente sia

funzionale e gradevole al gusto , ma la sua esatta composizione

è sconosciuta .

Dentifrici e polveri entrato in uso generale nel

19 ° secolo in Gran Bretagna e in altri paesi . La maggior parte erano

ancora in casa , con il gesso , mattoni polverizzati , o sale come

ingredienti . Nel 1900 , una pasta a base di perossido di idrogeno e

bicarbonato di sodio è stato raccomandato per l'uso con spazzolini da denti . Dentifrici premiscelati sono stati commercializzati nel 19 °

polveri secolo , ma denti sono rimasti più popolare fino

Guerra mondiale le altre innovazioni del 19 ° secolo inclusi

l'aggiunta di glicerina per il gusto , e stronzio per rafforzare

denti . Nel 1873 , Colgate & Company , fondata da William

Colgate a New York nel 1806 , ha iniziato la produzione di massa

il primo dentifricio in un vaso . Nel 1892 , il Dr. Washington W.

Sheffield di New London , Connecticut , fabbricati

il primo dentifricio in tubetti e venduto come Dr.

Sheffield Creme dentifricio . Ha avuto l'idea dopo che suo figlio

visto pittori a Parigi spremitura vernice dai tubi .

I tubetti di dentifricio pieghevoli originali erano fatte di

piombo , che colato nella pasta e talvolta causato

avvelenamento da piombo . Questo fatto , unito con una carenza piombo

durante la seconda guerra mondiale , ha portato alla loro sostituzione con

stratificato (alluminio , carta e plastica), tubi per l'

1940 e tubi in plastica completamente oggi .

Il fluoruro è stato aggiunto dentifrici nel 1890 per

prevenire la carie . Ma fu solo nel 1955 che la Procter

& Gamble ha lanciato Crest , il primo clinicamente dimostrato

dentifricio contenente fluoro . Dentifricio a strisce , con

due colori diversi , è stato inventato da un New Yorker

nome Leonard Marraffino nel 1955 e commercializzato da

Unilever come Stripe nei primi anni 1960 .

Nail Clippers e file

Tagliaunghie, detti anche trimmer unghie o frese per unghie , sono

generalmente in acciaio inox , ma può anche essere fatto di

plastica o alluminio . Ci sono due tipi - i comuni

pinza e il leveraggio . La maggior parte dei tagliatori di chiodo sono

con un altro utensile divisoria , che viene utilizzato per rimuovere lo sporco

da chiodi . Spesso contengono anche un file in miniatura per

manicuring gli spigoli di unghie tagliate .

L'inventore della taglierina del chiodo non è realmente conosciuta e

Dispositivi simili sono stati utilizzati fin dall'antichità . il

primo brevetto statunitense per un miglioramento in un trimmer unghia ,

ciò comporta che una tale dispositivo già esistente , sembra

sono stati concessi nel 1875 a San Valentino Fogerty di Boston ,

Massachusetts . Dispositivo di Fogerty richiesto all'utente di inserire

il dito in una cavità concava con una lama ad una estremità e

sembrava molto diverso da tagliatori moderni . altri brevetti di migliorare trimmer unghie sono stati fatti

nei prossimi anni da inventori americani come

William Bordo, John Hollman , Eugene Heim e Celestin

Matz , George Coates , e la Cappella Carter . Intorno al 1928,

Carter, che divenne presidente della H.C. Cook Società

di Ansonia , Connecticut , ha affermato che la loro unghia Gem

taglierina fatto la sua prima apparizione già nel 1896. Altro precoce

Produttori americani includono il L.T. Neve Società e il re Klip Company di New York .

Nel 1947 , William E. Bassett , che aveva iniziato la WE Bassett

Azienda in Derby , Connecticut , nel 1939 , ha sviluppato il

Trim taglierina del chiodo . E 'stato il primo ad essere realizzato utilizzando la moderna

processi di produzione , adattate dai metodi

utilizzato dalla sua azienda per realizzare componenti di artiglieria per l'

US Army durante la seconda guerra mondiale . Ha usato la jawstyle superiore

disegno che era stato intorno dal 19 ° secolo

ma ha aggiunto due pennini vicino alla base del file per evitare

movimento laterale del braccio di leva quando è stato chiuso ,

sostituito il rivetto appuntato con un rivetto dentata , e ha aggiunto

un pollice- sterzata brevettata leva . Questo disegno ancora

domina il mercato di oggi .

Alla fine del 1940 , Bassett ha introdotto la fascia alta

Taglierina del chiodo Croydon , che è stato timbrato con un clippership

emblema e promosso nella rivista Esquire per l'

gioielleria commercio . Purtroppo , il Croydon era

non successo commerciale . Ma W.E. Bassett continua

ad essere un importante produttore di strumenti di bellezza personali .

La loro linea di prodotti Trim ora è cresciuto fino a includere più

di 150 prodotti . Altri produttori moderni includono

Evenflo (Cina) , 777 (Tre Sette , Corea) , e DOVO

Solingen (Germania) .

CARTA IGIENICA

Il primo uso documentato di carta igienica nella storia umana

risale al 6 ° secolo dC , in Cina . Nel 589 dC , l'

studioso - funzionario Yan Zhitui ha scritto : ' carta su cui si

sono citazioni o commenti dei Cinque Classici o

i nomi di saggi , non oso utilizzabili per scopi igienici ' .

I cinesi producevano carta igienica su un

scala industriale mediante il Medioevo . Durante i primi 14 °

secolo , nella provincia dello Zhejiang è stato solo produce dieci

milioni di confezioni ogni anno . Nel 1393, durante il Ming

Dynasty , 15.000 fogli appositamente profumato , morbido - tessuto

carta igienica sono state fatte per l'imperatore Hongwu della imperiale

famiglia . La corte imperiale di Nanchino utilizzato anche su

720.000 fogli di carta igienica all'anno. Il 16 ° secolo

Scrittore francese François Rabelais satirico scritto di WC

carta nel suo romanzo - sequenza Gargantua e Pantagruel .

Qui Gargantua respinge l' uso della carta come inefficace ,

rima che : 'Chi la coda fallo di carta salviette , Shall

alle sue fregnacce lasciare alcuni chip ' .

Americano Joseph Gayetty è ampiamente considerato il

inventore della moderna toilette disponibile in commercio

carta nel 1857 . Sua carta medicato affermato di impedire

emorroidi ed è stata venduta in confezioni da lastre piane marchiate con il nome dell'inventore .
l'invenzione

di laminati e carta igienica perforata è attribuita alla

Albany perforata Wrapping Paper Company nel 1877 e

alla Scott Paper Company nel 1879 . Nel 1928 , il Hoberg

Azienda Libro di Green Bay , Wisconsin , introdotto

Charmin , un altro marchio popolare .

Nel 1942 , di S. Andrea Cartiera del Regno Unito ha introdotto più morbida

Carta igienica a due veli . Uno scherzo fatto da conduttore televisivo americano

e comico Johnny Carson nel 1973 ha spinto gli spettatori

correre fuori ai negozi e iniziare accaparramento , creando un

igienica artificiale scarsità di carta .

Oggi , 26 miliardi di rotoli di carta igienica sono venduti ogni anno in

America con una media di 23.6 rotoli pro capite l'anno ,

o 57 fogli al giorno . Le donne tendono ad utilizzare significativamente più

carta igienica rispetto agli uomini .

Lo sapevi?

Quarantanove per cento dei rispondenti ha scelto di indagine WC

carta come l' unica necessità che vorrebbero assumere un

isola deserta.

L'esercito americano utilizza la carta igienica per camuffare i serbatoi in Arabia Saudita durante la prima Guerra del Golfo .

CAPSULE DI DROGA

Oggi ci sono due tipi principali di capsule di droga , guscio duro , utilizzato per le sostanze in polvere , secco e soft-sgusciate , utilizzata per liquidi oleosi . Nel 1834 , un francese studente di farmacia di nome Francois Mothes e la sua partner, il farmacista Giuseppe Dublanc , ha inventato un metodo di produrre singolo pezzo capsule di gelatina molle sigillate con una goccia di soluzione di gelatina . Hanno usato gli stampi in ferro per le loro capsule e riempiti individualmente con un contagocce .

Mothes e capsule molli brevettate Dublanc , entrambi pieni e vuota , divenne immediatamente popolare in Francia. Ma hanno smesso di vendere capsule vuote nel 1837 . L' risultato è una crescente domanda di capsule vuote e ci sono stati diversi tentativi di superare il brevetto da la creazione di nuovi progetti . Nel 1846 , il farmacista parigino Jules Lehuby inventato due pezzi capsule rigide , costituito da sovrapposte Corpo e cappuccio pezzi simili a quelli utilizzati oggi . Le conchiglie sono stati inizialmente realizzati in amido o di tapioca dolcificata con sciroppo. James Murdock di Londra era concesso un brevetto britannico nel 1848 per la prima due pezzi capsula rigida realizzata interamente in gelatina . Murdock , che

è stato un agente di brevetti , può essere agito per Lehuby .

Capsule rigide sono stati inizialmente realizzati in due parti e poi uniti a mano . Ma era difficile ottenere

precisione sufficiente per fare le parti inseriscono correttamente . Nel 1913 ,

la Società Colton di Detroit , Michigan , ha inventato

la macchina impilatore in collaborazione con l'American

società farmaceutica Eli Lilly per risolvere questo problema .

Le macchine che compongono capsule rigide oggi si basano

sulla loro invenzione .

Tutti i moderni incapsulamento soft- gel si basa su un processo

sviluppato dal prolifico inventore americano Robert Scherer ,

nel 1933 . Ha usato un dado rotante per produrre le capsule

e riempito da soffiaggio . Questo metodo ridotta

sprechi e capsule prodotte con alta ripetibilità

dosaggi . Scherer ha lavorato nel seminterrato metallo del padre

negozio per tre anni per sviluppare la sua macchina . Ha poi

costituito la gelatina Products Company a commercializzare il suo

invenzione. La nuova società è subito successo

e divenne il RP Scherer Corporation nel 1947 . L'

attuale proprietario della tecnologia RP Scherer è Catalent

Pharma Solutions , il più grande produttore al mondo di

capsule softgel .

Lo sapevi?

La gelatina è costituito da collagene raccolte da

pelle di animale o le ossa . Questo è un problema per i vegetariani , vegani , e quelli osservando certe leggi religiose , e

capsule in gel così vegetariane sono ora disponibili .

ROSSETTO

Donne della Mesopotamia antichi erano forse il primo a

inventare e usare il rossetto . Hanno usato pietre frantumate ,

argilla rossa , ruggine , henné , e alghe per decorare le loro labbra .

Gli antichi Egizi creato un rossetto viola scuro da

alghe , iodio e bromo mannite che era altamente

grave malattia tossici e causato. Cleopatra VII , che

governato 50-31 aC , il rossetto usato a base di schiacciata

cocciniglie , che danno un pigmento rosso intenso noto

come carmine . Rossetti con effetto luccicante originariamente

utilizzato una sostanza perlacea trovato in squame di pesce .

Durante il Medioevo , il cosmetologo arabo notevole

e chirurgo Abu al - Qasim al- Zahrawi (Abulcasis)

rossetti solidi inventate , che erano bastoncini profumati

laminati e pressati in appositi stampi . Ma in Medieval

Europa , il rossetto era considerato un'incarnazione di Satana

ed è stato vietato dalla chiesa .

Colorazione Lip cominciato a riguadagnare una certa popolarità nel 16 °

secolo in Inghilterra , dove le labbra rosso brillante e bianco stark

volto è diventato di moda . Ma nel 17 ° secolo , rossetti

e altri cosmetici passati di moda di nuovo . Nel 1653 ,

un pastore inglese di nome Thomas Municipio ha portato un movimento

proclamando che la pittura dei volti era opera del diavolo . Nel 1770 , una legge che è stata anche approvata dal Parlamento britannico che

ha dichiarato che i matrimoni sarebbero annullate se la donna

indossava cosmetici prima il giorno delle nozze .

Cosmetici precedenti sono rimasti inaccettabile per rispettabile

Donne europee , ma gli atteggiamenti iniziarono a cambiare nel

1850 e il primo rossetto commerciale è stato inventato nel

1884 dai profumieri a Parigi . E 'stato ricoperto di carta di seta

e fatto da cervi di sego , olio di ricino , e cera d'api . a

quel tempo , il rossetto è stato venduto in tubi di carta , carta colorata , o

piccoli vasi . James Bruce Mason Jr. di Nashville , Tennessee ,

brevettato il moderno tubo del rossetto girevole -up nel 1923 .

Nel 1927 , chimico francese Paul Baudercroux inventato un

formula denominata Rouge Baiser . Questo è stato il primo di lunga durata

rossetto . Ironia della sorte , Rouge Baiser è stata troppo dura a lungo ! era

così difficile da rimuovere che è stato bandito dal mercato .

Alla fine del 1940 , Hazel Bishop, un chimico organico a New

York , condotto oltre trecento esperimenti con

diversi prototipi rossetto nella sua cucina . lei alla fine

creato il primo , rossetto moderno duraturo non sbavature ,

chiamato No- Smear . Nel 1950 , ha formato Hazel Bishop Inc.

promuovere la sua prova di bacio invenzione, commercializzato come ' rimane su di voi

... Non su di lui ' . La sua azienda ha prosperato e ben presto attirò

concorrenti come Revlon . Oggi , aromatizzati e organico

Rossetti stanno diventando popolari .

chapsticks

Le persone sono state inventando rimedi per le labbra screpolate

fin dai tempi antichi . Record cinesi mostrano che una forma

di lip - balsamo veniva utilizzato già a partire dal Han Orientale

dinastia (25-220 dC) . Uno dei primi a metà del 18 ° secolo

Libro americano descrive un rimedio per le labbra screpolate per

madri che allattano :

Per curare Chopt Lipps & c .

Prendere due once : di Cera d'api e cutt in pezzi o bitte & 1

Gill di buona oyl dolce lo mise sopra un chiaro fuoco quando

Sciolto versarlo in un sereno Bason e sarà quando

Coal'd un bene Oyntment per Capezzoli doloranti anche qualsiasi

Cosa del genere .

Nei primi anni 1880 , il dottor Charles Browne Fleet, un americano

medico di Lynchburg , Virginia , ha inventato Chapstick

come un balsamo per le labbra . Il suo venduta localmente , prodotto artigianale

somigliava a una candela wickless avvolto in carta stagnola . Nel 1912 ,

John Morton ha acquistato i diritti per il prodotto per cinque

dollari e ha iniziato la produzione della Chapstick rosa

nella sua cucina . La sua attività fu un tale successo che

proventi delle vendite sono stati utilizzati per fondare la Morton

Manufacturing Corporation . Nel 1963 , l' AH Robins Società ha acquisito Chapstick

dalle Mortons . A quel tempo, solo Chapstick Lip

Bastone regolare Balm è stato commercializzato per i consumatori .

Successivamente , sono state introdotte molte altre varietà.

Questi includono quattro bastoncini aromatizzati Chapstick Lip Balm

nel 1971 , Chapstick Sunblock 15 nel 1981 , Chapstick

Vaselina Inoltre nel 1985 , e Chapstick medicato

nel 1992 . sciatore americano Suzy Chaffee è stato un portavoce

per il marchio nel 1970 e divenne noto come Suzy

Chapstick . L'ex sciatore statunitense Picabo Street è ora

comunemente visto sui loro spot televisivi .

Chapstick è ora di proprietà di Pfizer , che ha venduto l'

impianto di produzione a Richmond , in Virginia , nel 2011 per

Fareva , una società francese che oggi produce e

pacchetti chapsticks per Pfizer .

Lo sapevi?

Nel 1972 , i tubi burro cacao sono stati modificati con nascosta

microfoni e utilizzato da Casa Bianca operatori G.

Gordon Liddy e E. Howard Hunt , quando si sono rotti

nel quartier generale del Comitato Nazionale Democratico

presso il complesso di uffici del Watergate a Washington , DC . il

scandalo conseguente alla fine ha portato alle dimissioni di

Richard Nixon il 9 ago 1974 , l'unica dimissioni

di un Presidente degli Stati Uniti fino a data .

PROTESI

È stata trovata La più antica testimonianza di protesi o denti falsi

dagli archeologi in Messico . Hanno trovato uno scheletro , risalente

torna al 2500 aC , i cui denti davanti sono stati terreno

verso il basso , probabilmente per fare spazio a protesi fatte di lupo

denti . Intorno al 700 aC , gli Etruschi del nord Italia ha fatto

protesi su denti umani o animali che sono stati attaccati

con filo d'oro o bande. Questi rapidamente peggiorate , ma

erano facili da produrre. C'era poca ulteriori progressi

fino al 18 ° secolo . Protesi non erano comuni e

denti mancanti era la norma anche tra i nobili .

La regina Elisabetta I d'Inghilterra messo panno bianco le lacune

a guardare meglio in pubblico .

La più antica protesi totale è fatto di legno e

risale al 16 ° secolo in Giappone . Durante il 18 °

secolo , i dentisti europee utilizzate tricheco , elefante, e

avorio di ippopotamo di fare lastre protesi in cui

denti potrebbero essere attaccati . Ma sono stati attaccati dal

acidi nella saliva , assaggiato terribile , e presto marcivano . Inoltre ,

prime protesi dovevano essere rimosse prima di mangiare , in quanto

non erano abbastanza sicuro da masticare con .

Il primo presidente degli Stati Uniti , George Washington , ha avuto protesi

fatta di avorio intagliato ippopotamo in cui umano , cavallo , asino e denti sono stati montati . Tuttavia, erano molto doloroso e distorto la sua bocca . A causa di questo ,

suo secondo discorso inaugurale è stato il più breve di qualsiasi Uniti

Presidente di data , è durato solo 90 secondi !

Denti di morti è diventato popolare per protesi ed erano

facilmente disponibili in tempo di guerra . Ad esempio , dopo la battaglia

di Waterloo , c'è stato un eccesso di denti Waterloo spennati da

cadaveri dei soldati sul campo di battaglia . Durante l'American

Guerra civile , barili di tali denti sono stati spediti indietro

Europa . I denti sono stati estratti da criminali giustiziati ,

rubato da tombaroli , o anche acquistati dai poveri .

Le prime protesi in porcellana sono state fatte intorno al 1770 da

Alexis Duchâteau , un farmacista francese . dopo diversi

fallimenti, ha creato un design pratico che è diventato molto

popolare . Tuttavia, erano inclini a circuito integrato e sembrava

troppo bianco per essere convincente. Il suo ex assistente Nicholas

De Chemant ha ricevuto il primo brevetto per protesi nel 1791 .

Nel 1820 , Claudio Cenere di Londra ha iniziato la produzione

protesi in porcellana miglioramento montate su oro 18 carati

piastre . Dal 1850 , Vulcanite , una forma di indurito

gomma , ha iniziato l'oro in sostituzione , che significativamente ridotto

costi . Nel 20esimo secolo , sono stati effettuati protesi

da resina acrilica e altre materie plastiche . Oggi prendono pieno

approfittare delle nuove leghe e materie plastiche .

DEODORANTI

Un'ampia varietà di deodoranti sono stati utilizzati fin

antichità. Gli antichi Egizi lo spettacolo di profumato

bagni , mentre gli antichi Greci e Romani frequentemente

usato profumi e oli aromatici . Ma con la caduta di

Roma , la passione per la balneazione è stata anche perso . a volte

sali di roccia sono stati utilizzati come un deodorante in parti dell'Asia. in

9 ° secolo , l' erudito arabo o persiano Ziryab

deodoranti introdotto in Spagna moresca .

Il primo deodorante commerciale, mamma , è stato introdotto

e brevettato nel 1888 da uno sconosciuto inventore americano .

La mamma era in origine un cloruro di zinco e cera in pasta o

crema. Questo è stato presto seguito da Everdry , in alluminio

antitraspiranti a base di cloro .

Nel 1900 , una serie di antitraspiranti in una varietà di forme

dalle paste, bastoni, dabbers , polveri e creme per

roll- ons erano disponibili sul mercato . Ma l'odore del corpo

era considerato una questione privata e la maggior parte delle persone hanno fatto

non utilizzarle. Ci sono voluti pubblicità intelligente per i consumatori

essere convinti dei loro benefici . La campagna per un

antitraspirante chiamato Odorono , disegnato da un ex

venditore porta a porta Bibbia di nome James Young , è stato

importante a questo proposito . E ' ritratta odore del corpo come un faux pas sociale che nessuno direbbe direttamente voi è stato

responsabile per la vostra impopolarità , ma che sono stati

felice di pettegolezzi dietro la schiena in merito .

Deodoranti è diventato popolare tra le donne negli

1920, ma gli uomini hanno continuato ad associare l'odore del corpo con

mascolinità . Così la pubblicità ha iniziato il targeting uomini da

predare le loro insicurezze , come perdere il lavoro a causa

di odore del corpo . Questa era una prospettiva terribile durante la

Grande Depressione . Top - Flite , deodorante i primi uomini ,

è stato lanciato nel 1935 e confezionato in una bottiglia nera .

Un altro deodorante maschile , Sea - Forth , è stato venduto in ceramica

caraffe whisky di apparire come maschile possibile.

Alla fine del 1940 , Edward Gelsthorpe suggerì la progettazione

un applicatore deodorante sulla base di penne a sfera . La sua idea

è stato sviluppato dal chimico Helen Diserens . Nel 1952 , Bristol-

Myers ha iniziato la commercializzazione come Ban Roll-On . Il prodotto è stato

un successo , anche se molti consumatori di sesso maschile li evitati

perché i capelli ascelle stato preso in applicatori .

Inventore americano e chimico cosmetico Dr. Jules

Bernard Montenier brevettato la formulazione moderna

del antitraspirante nel 1941 . Right Guard di Gillette era

il primo antitraspirante aerosol nel 1960 . Oggi .

circa il 95 per cento degli americani usa deodorante .

ULTERIORI LETTURE

. 1 The Kid che ha inventato il ghiacciolo : And Other

Storie sorprendenti invenzioni di Don L. Wulffson ,

Brossura - 128 pagine (1999) , Puffin .

2 . Errori che ha lavorato da Charlotte Foltz Jones e

John O'Brien (illustratore) , brossura - 48 pagine (1994) ,

Doubleday .

3 . Origins straordinarie di Panati di Everyday Things di

Charles Panati , brossura - 480 pagine , edizione ristampa

(Settembre 1989) , HarperCollins .

4. L'evoluzione delle cose utili: Come Artifacts Everyday

- Da Forks e perni a clip e cerniere Paper - Came

di essere come sono da Henry Petroski , brossura - 304

pagine (1994) , Vintage.